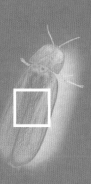

<< Diaphanes >>

<< Diaphanes >>

<< Diaphanes >>

<< Diaphanes >>

<< Diaphanes >>

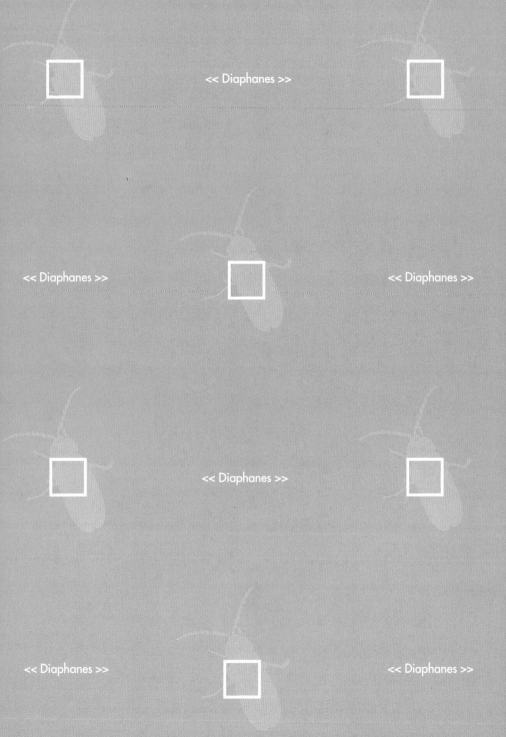

<< Diaphanes >>

<< Diaphanes >> << Diaphanes >>

<< Diaphanes >>

<< Diaphanes >> << Diaphanes >>

台灣賞螢地圖

何健鎔 朱建昇 ◎合著

晨星出版

愛螢護螢愛鄉愛土

　　這幾年來，在各國家公園有計畫地推展「與螢火蟲有約」活動之後，也帶動民間賞螢活動的風潮；尤其是一些有解說員或專業嚮導的賞螢活動，不但讓參與者享受既浪漫又充滿野趣的知性之旅，對螢火蟲棲地的保護，也有正面的影響。可是也有不少大拜拜式的賞螢活動，以及事前未進行環境資源調查，事後又未作釋放後追蹤調查之螢火蟲「野放」活動，非但無助於螢火蟲的保護，對亟待保護的螢火蟲棲地也帶來負面的衝擊。所以，如何建立賞螢規範和共識，實有待愛螢人士的關懷與實踐。

　　台灣的螢火蟲研究，雖然可追溯至九○餘年前，但比較蓬勃發展，則不過是這五六年來的事；除了台灣大學昆蟲保育研究室之外，這幾年來較令人欣慰的是有不少年輕學者陸續投入研究的行列，其中像張錦洲、陳燦榮及何健鎔……等，都是佼佼者，尤其是何健鎔先生，不但在推廣教育方面積極投入，在學術研究方面也相當用心，目前更以螢火蟲的分類和生態研究作為博士論文。而最令愛螢人高興的是勤筆不輟的何健鎔先生，最近又完成了《台灣賞螢地圖》，相信這對喜歡螢火蟲，喜歡自然觀察的朋友來說，的確是一大福音，因為只要按圖索驥，您便能在適當的月份，到您想到的地方觀賞螢火蟲；對於一些觀光農場、風景遊樂區、森林遊樂區及國家公園，也配置交通、門票等資訊，可以說相當實

用。而這本書還有常見螢火蟲的介紹，有亞種檢索表，還有各種螢火蟲的生態資訊，對學昆蟲學生物的朋友來說，也極具參考價值。

然而，儘管台灣的賞螢活動相當蓬勃，但有關螢火蟲的研究仍處於起步階段，許多螢火蟲的生活史、分類、形態及逸趣橫生的發光行為，都有待年輕一代持續投入研究。螢火蟲知性之旅固然浪漫有趣，但如果沒有深入的研究作為解說素材的基礎，這種賞螢活動是持續不久的、空泛的；期待「有志青年」能投入這方面的研究。

在從事螢火蟲研究這段期間，最令人感慨的是棲地保護的工作；其實，台灣許多地方螢火蟲的資源都還不錯，但每每一排路燈的架設，以及一條非必要排水溝的「小額」工程，卻使當地的螢火蟲幾乎完全消失。所以，如果您也意識到「螢火蟲的存在就是優良環境的指標」，那麼請您和左鄰右舍一起保護這種象徵台灣環境「光明面」的小動物吧！留住牠們，等於為您的住家、學校留下一片淨土！螢火蟲象徵「光明」、「希望」，愛螢、護螢不也就是愛鄉愛土愛台灣的具體表現嗎？

國立台灣大學農學院　院長
國立台灣大學昆蟲學系教授
中華民國自然生態保育協會理事長

楊平世　謹識

黑暗中的小精靈

　　近年來生態保育工作在全球展開，推廣生物多樣性的觀念，維護地球生態體系之完整，從基因、物種、生態系與景觀的層次，希望大家共同來保護我們生長的地方。從前螢火蟲是居家附近常見的發光小昆蟲，記憶猶新，目前已不易發現了。這是如何造成的？解鈴還需繫鈴人，希望由我們去瞭解問題、面對問題與解決問題。

　　近年來政府相關單位大力推廣生態旅遊，因此有許多賞螢、賞蝶、賞鳥與賞魚等活動，這些活動莫不是告訴大家，在這個繁忙、勞心勞力的社會中，人們需要休息，需要充電。螢火蟲發光的魅力是相當吸引人的，如紐西蘭南部地區的石灰岩洞穴中的螢火蚋，是在黑暗的洞穴中發光的小精靈，吸引全世界參觀旅客，前去欣賞這大自然美景。

　　從前休閒活動大多是唱歌、跳舞或爬山等等，但是

這些活動有固定場所與開放時間，較沒有限制。而賞螢等生態旅遊活動，則需要有人帶領與解說，或詳細的閱讀許多背景知識，才較容易入門。因此有一本好的賞螢地圖，是瞭解台灣螢火蟲的不二法門，可以在最短的時間內，找到適當的地點與時間，達到欣賞發光的美景。

九二一大震，對我影響深遠，有許多美麗生動的螢火蟲幻燈片，是冒著餘震的危險，從瀕臨倒塌的建物中搶救出來的，如果沒有許多朋友熱心協助，這些珍貴的心血早就被怪手清除，永遠埋藏於地層中。如今能夠集結成書，首先我要感謝中華民國自然生態保育協會楊理事長平世(國立台灣大學昆蟲學系教授)費心審閱文稿與惠賜序文。以及姜碧惠、張秀姈、張連浩、朱建昌、許鴻龍、程文貴、陳燦榮、藍森彬、許仁財、林南忠等許許多多朋友的幫忙與協助，特此致上最高之謝忱。

何健鎔
朱建昇

目次 CONTENTS

第三章
螢火蟲的生活

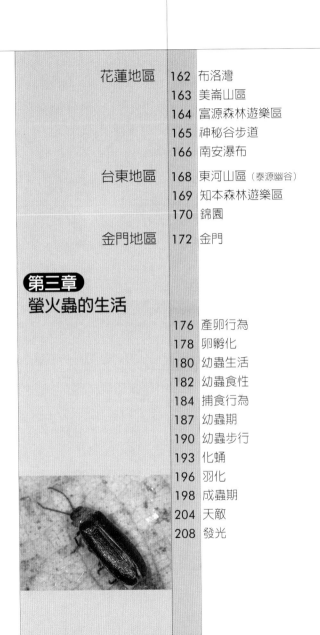

第一章
發光生物之美

在地球上自然界中有許多生物會發光，這些美麗的生物，近看是一種個體發光現象，遠觀則呈現偉大的發光奇景，這些都令人著迷，並且讚嘆造物者的神奇。因此人們不禁好奇地問，發光生物有那些種類？根據文獻上的記錄約有25門（phyla）的生物，其中大概有13門的分類群中的物種會發光。當然生物體本身會發光者才稱之為發光生物，而對於經由共生或取食發光生物所發出的光，這是被動發光者。

在節肢動物中發光生物的種類較多，一般較常見的種類則分布於 Pycnogonida、Eucrustacea、Diplopoda、Chilopoda 與 Insecta 各綱中。另有一些生長在深海中的發光甲殼類，借由發光來吸引其他的生物，當這些食餌接近後，再迅速加以捕食。

在世界各地則還有許多各式各樣的發光昆蟲，其中有彈尾目的跳蟲科(Poduridae) 種類；雙翅目的蕈蚋科 (Mycetophilidae)，如紐西蘭南部產的螢火蚋（Archnocampa laminosa）；鞘翅目的螢科(Lampyridae)、叩頭蟲科(Elateridae)、捕蜋螢科(Phengodidae)、雌光螢科(Rhagophthalmidae）、擬螢科(Drilidae)與長鬚筒蠶蟲科(Teleguesidae)等分類群中的昆蟲；同翅目蠟蟬科(Fulgoridae)的昆蟲，如提燈蟲（Fulgora laternaria）。而在台灣最常見的發光生物是螢火蟲。除此之外，發光蕈也是常見的發光生物。

通常夜間在野地中觀察螢火蟲發光，大多是雄蟲與幼蟲所發出的光；但是大多數螢火蟲在卵、幼蟲、蛹與成蟲階段都會發光；其它不同階段的發光是不容易被發現的，且不同個體所發出的光，其發光器的位置、發光器形狀、閃爍與持續等等，都值得去比較與欣賞。

無論如何，螢火蟲大發生時，其集體所形成的發光景觀，總是令人著迷的大自然界美景。

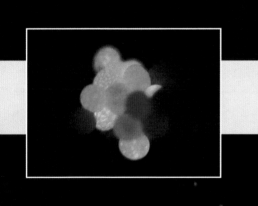

上：●黃緣螢卵發光

中：●雙色垂鬚螢卵發光

下：●台灣窗螢卵發光

上：●台灣窗螢雌蟲發光

下：●台灣窗螢雌蟲發光器四點

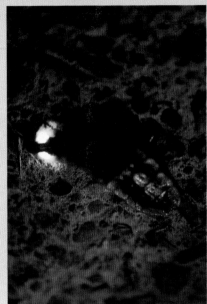

●雲南扁螢幼蟲發光

●台灣窗螢幼蟲發光

●鹿野氏紅翅螢幼蟲發光

●山窗螢幼蟲發光

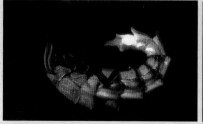

●山窗螢雄蛹發光

●雲南扁螢蛹發光

●黃緣螢蛹發光

●山窗螢雄蛹發光

●台灣窗螢雌蟲發光

●山窗螢雌蟲發光

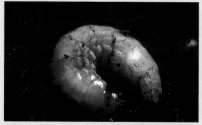

●雙色垂鬚螢雌蟲發光

●大場雌光螢雌蟲發光

●台灣窗螢雄蟲發光

●蓬萊短角窗螢雄蟲發光

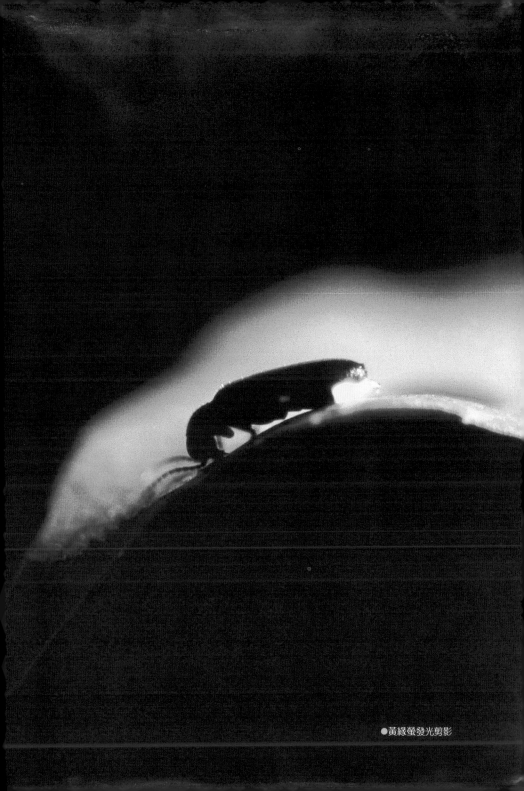

●黃緣螢發光剪影

●黃胸黑翅螢發光

●橙螢雄蟲發光

●黃緣螢雄蟲發光

●台灣窗螢雄蟲發光景觀

上：●黃緣螢發光景觀　　　　　　　　　　下：●台灣窗螢幼蟲發光景觀

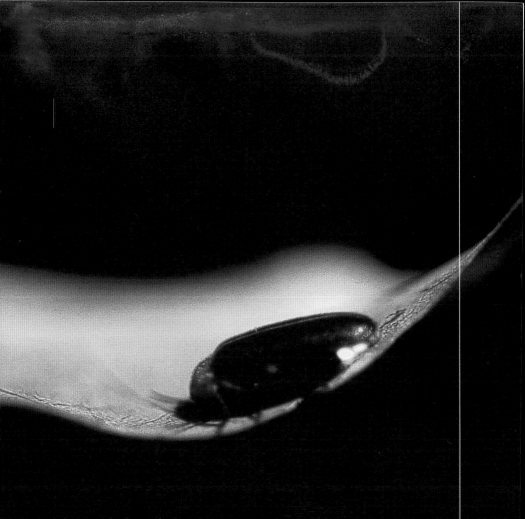

第二章
台灣賞螢地圖

●過去，台灣鄉間螢火蟲發光景象。

螢火蟲是夏季常見的昆蟲之一，在台灣中、北部民眾稱「火金姑」，南部民眾稱「火金星」，客家話稱「火燄蟲」。過去，每到夏天晚上，在鄉間河邊、池塘邊或是稻田附近，經常可以看到空中或草叢中一閃一閃的光芒，好像是一盞盞飛舞的小燈籠。

螢火蟲對於中國人來說是最親切的昆蟲，在沒有電視的時代裡，牠陪伴著人們度過漫漫長夜；美麗的小燈籠在空中飛舞，點綴著仲夏的夜空，是多麼詩情畫意的景象；而螢火蟲美麗的發光剪影，常常是文人吟詩作詞的最佳題材。

如今，由於土地快速的開發利用，棲地的嚴重破壞，往昔在居家附近常見的螢火蟲已經不易見到了。

近年來生態旅遊相當盛行，希望藉由螢火蟲地圖的指引，讓我們能再次重溫兒時舊夢，欣賞螢火蟲發光之美，並推廣螢火蟲保育工作。

本章將以各縣市為單元，敘述各地的賞螢據點，以供讀者能夠快速查詢及利用。

如何欣賞螢光之舞

　　螢火蟲發生季節是最令人興奮期待的，而如何能達到最佳的賞螢效果？則需要事前有良好的規劃與準備。

　　欣賞螢光之舞，通常有二種不同的方法：第一種是定點欣賞，大多針對單一種的螢火蟲，如黑翅螢、黃緣螢與台灣窗螢；最好在黃昏前到達適當棲地，等待天漸漸暗下來後，便可欣賞到螢火蟲慢慢發光，慢慢起飛的景觀。當螢火蟲成群飛出，由於發光的行為不同，因此會在棲地上形成不同的發光現象與景觀。例如在東南亞地區的螢火蟲發生地，會形成「發光樹」，是世界級螢火蟲發光奇景。

　　第二種是步行欣賞，在夜間以健行方式欣賞道路兩旁發光螢火蟲，不但可以找到較多種類的螢火蟲，還可以從發光的顏色、頻率與強度等來判別牠們的不同。

　　當螢火蟲從您身邊飛過，可以雙手為網，將牠捧在胸前，靜靜的欣賞牠的光芒；等發光的螢火蟲爬到手指尖上，準備振翅高飛，便可許下心願，願牠飛到天上，傳達給上帝，助你早日達成願望。

●交尾中的黃緣螢

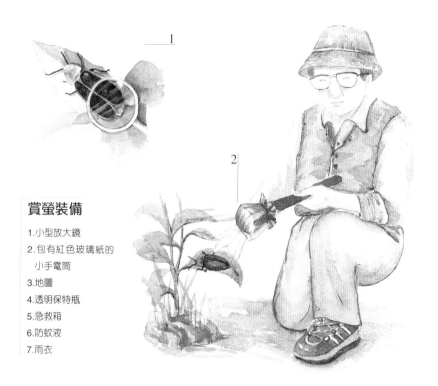

賞螢裝備

1. 小型放大鏡
2. 包有紅色玻璃紙的
   小手電筒
3. 地圖
4. 透明保特瓶
5. 急救箱
6. 防蚊液
7. 雨衣

賞螢前的裝備

一、賞螢服裝

　　夜間賞螢時最好穿著長袖上衣、長褲，並戴上帽子，且以透氣的質材爲佳。夜間步行應穿上輕便防滑的運動鞋或登山鞋。如要涉水或進入長草地區賞螢，由於夜間視線較差，爲防止有毒的蛇類或昆蟲侵襲，最好是穿著長筒雨靴較好。

二、賞螢裝備

　　欣賞螢火蟲主要在觀察其發光之美，因此要達到最好的觀察及影響最小的效果；裝備上需要準備包有紅色玻璃紙小手電筒、細捕蟲網、透明保特瓶、小型放大鏡等等。

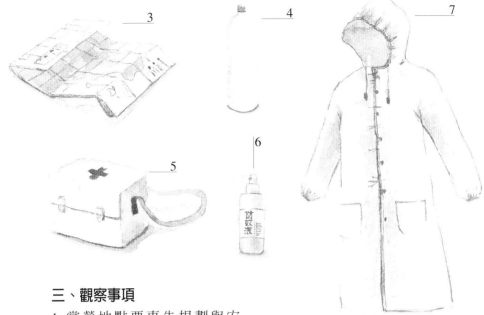

三、觀察事項

1. 賞螢地點要事先規劃與安排，對於螢火蟲的種類與出現時間應該要有初步瞭解。最好是選擇良好的賞螢景點，有解說員帶隊服務，這樣在安全上與賞螢的成果較佳。

2. 春夏季為蚊子、蜈蚣、蛇類等有毒動物出現最頻繁的季節，如果到山區賞螢，需要有所防備，須攜帶防蚊液與毒蛇急救器等。

3. 夜間步行賞螢時照明用的手電筒，一般都會發出波長較長的光，通常會影響賞螢的品質，所以須將燈罩貼上一層紅色玻璃紙，當發現螢火蟲出現的位置時，再將燈熄滅並慢慢靠近觀察。

4. 月圓的夜晚，由於背景色較亮，會影響賞螢品質，最好避開這些時段。

5. 夜晚若有持續性的大雨發生，成蟲則無法飛出，僅會在地面上發光，所以賞螢效果不佳。

6. 賞螢時必須尊重大自然與尊重牠們的生命，因此在賞螢前最好先瞭解螢火蟲的基本生物學，在觀察過程中僅在於欣賞這大自然螢光之舞，不可把牠帶回家。

全省賞螢景點

地圖圖例說明

- ① 國道
- ⑰ 省道
- 102 縣道
- 101甲 縣道
- 林道
- 學校
- 吊橋
- 造橋
- 山脈
- 瀑布
- 景點

台北地區

三峽地區

滿月圓森林遊樂區

觀賞種類	出現月份
黑翅螢	四月～五月
山窗螢	十月～十一月
紋螢	五月～六月
黃緣短角窗螢	十一月～一月

●黑翅螢

滿月圓森林遊樂區位於三峽大豹溪上游，海拔高度300公尺至800公尺，因有座形似滿月的山頭而得名。林相以天然闊葉林為主，年降雨量約2,900公釐。遊樂區內幅員遼闊瀑布成群，其中以滿月

圓瀑布及處女瀑布最為壯觀；由大門入口沿蚋仔溪往上走，即可抵遊客中心。沿途綠樹遮蔭氣候濕涼，擁有相當豐富的溪澗生態資源，是台北地區觀察原生植物和螢火蟲極佳的地區；冬季黃緣短角窗螢發生時，有上千隻的螢火蟲出現，相當值得前往觀賞。

當地出現種類有黑翅螢、大端黑螢、端黑螢、山窗螢、蓬萊短角窗螢、橙螢、雲南扁螢、脈翅螢、紋螢、黃緣短角窗螢、擬紋螢。

交通資訊

交通方面由台北沿3號省道經三峽至大埔，改走7號乙省道至湊合，左轉湊合橋接111號縣道續行，可抵滿月圓森林遊樂區。

汐止地區

柯子林

觀 賞 種 類	出 現 月 份
端黑螢	七月～八月
黃胸黑翅螢	四月～五月

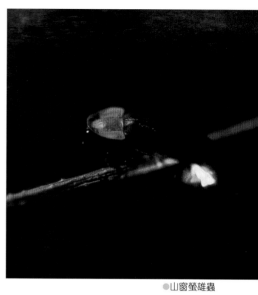
●山窗螢雄蟲

柯子林位於北港溪上游，為汐止地區一處景緻絕佳的知名景點，每到假日常吸引許多遊客到河邊戲水。由於氣候溫和雨量充沛，經常可以見到成群的端黑螢在樹冠間飛舞；成蟲於每年七月初開始出現，一直持續到八月中旬；已知在林緣高處閃爍的都是雄蟲，而地面出現的多數是雌蟲。成蟲警戒性高，當飛行途中遇到有人靠近時，會突然停止發光以逃避敵害。此外，也可以在溪谷草叢中發現雲南扁螢蹤跡，幼蟲發光亮且明顯，是台灣螢火蟲幼蟲中發光最亮的種類，唯出現數量不多。

此地常見的種類有黑翅螢、大端黑螢、端黑螢、山窗螢、橙螢、雲南扁螢、脈翅螢、紋螢、擬紋螢。

夢湖
新山
千蝶谷
蝴蝶生態農場
龍泉茶莊
柯子林
廣修彈寺
柯子林峽谷
柯子林吊橋
北港國小八連分校
八連
拱北殿
北港溪

🚗 交通資訊

由汐止交流道下高速公路，沿大同路前行，至路口右轉接汐萬路續走可抵柯子林。

千蝶谷

觀賞種類	出現月份
端黑螢	七月～八月
黃緣螢	三月～九月

千蝶谷位於汐止鎮北方，北港溪旁的山谷中，為私人經營之生態教育農莊。園區內規劃蝴蝶及螢火蟲復育區，以人工方式營造出水生黃緣螢的棲息環境，並有專人為遊客作詳細的生態解說；另外又針對學童設計戶外教學課程，介紹自然生態及環境保育，兼具遊憩及教育功能。

千蝶谷中復育種類為黃緣螢，由於黃緣螢容易飼養，因此常被選擇做為復育的種類。

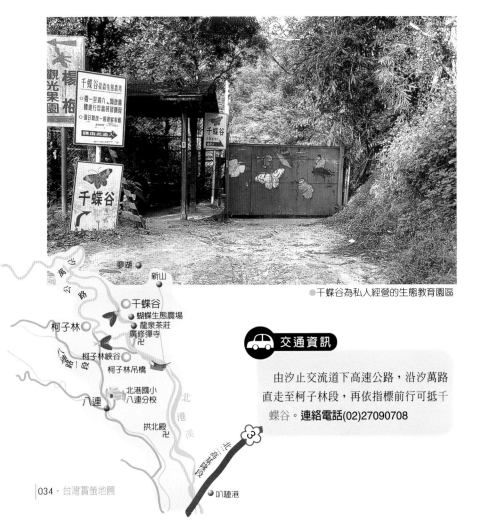

●千蝶谷為私人經營的生態教育園區

交通資訊

由汐止交流道下高速公路，沿汐萬路直走至柯子林段，再依指標前行可抵千蝶谷。連絡電話(02)27090708

汐平公路沿線、磐石嶺農莊

觀賞種類	出現月份
大端黑螢	四月～五月
黃緣螢	三月～九月
黑翅螢	四月～五月

●大端黑螢

　　汐平公路為汐止至平溪之間的聯絡道路，全長約 13 公里。由汐止沿著 31 號鄉道而行，觸目所及皆是潮濕的闊葉林，車輛行駛其間，彷彿置身於原始森林享受森林浴一般。四至五月油桐花盛開，也是螢火蟲出現的時期，經常可看見數十隻大端黑螢聚集在同一棵樹上發光，甚至白天在樹葉背面也可以發現，為汐止地區觀賞自然生態及賞螢的好去處。

　　此地出現種類有黑翅螢、端黑螢、橙螢、紋螢、大端黑螢、紅胸黑翅螢、紅胸窗螢、山窗螢、脈翅螢。

　　磐石嶺農莊位於汐平公路中段，汐止鎮與平溪鄉交界處，海拔高度 500 公尺左右，為私人經營的休閒農莊。農莊主人吳振隆先生熱情好客，每當螢火蟲發生期間，週六及週日均免費開放園區供民眾賞螢。

　　這裡主要觀賞種類有黃緣螢及黑翅螢兩種，觀賞時間以三月至五月間為最佳，在大發生時估計有上千隻以上螢火蟲出現，是個相當不錯的賞螢地點。其它可見種類有山窗螢、橙螢、雲南扁螢。

石門峽谷
東山國小
展望台
嶺秀休閒渡假山莊
磐石嶺
菁桐
平溪國小
平溪
平溪站
平溪國中
普陀巖
基隆河
106

交通資訊

　　由台北沿 5 號省道至汐止，續行至保長坑右轉可接汐平公路，續走至福德寺附近可抵磐石嶺農莊。

　　或由北二高木柵交流道下高速公路，沿 106 縣道經深坑至平溪，由平溪左轉接汐平公路，續走至福德寺附近可抵磐石嶺農莊。

汐止大尖山

觀 賞 種 類	出 現 月 份
紋螢	五月～七月
擬紋螢	五月～七月

大尖山位於汐止南方，海拔高度 460 公尺，氣候溫暖潮濕；境內大小瀑布成群，其中以秀峰瀑布、茄苳瀑布、大尖瀑布及東山瀑布較為出名。沿指標往秀峰瀑布前行，緊鄰溪旁的步道溫暖潮濕，是觀賞螢火蟲的主要路段。紋螢、擬紋螢為當地最適合觀賞的種類，發黃綠色光，閃爍頻率高；其它出現的種類有大端黑螢、端黑螢、黑翅螢、紋螢、梭德氏黑翅螢、橙螢等、山窗螢、紅胸黑翅螢、脈翅螢。

● 溪谷附近是理想的賞螢地點

五堵

保長坑

石門坑

汐止站

卍 靜修禪寺

卍 聖德宮

大尖山   茄苳瀑布

秀峰瀑布   卍 天道清修院

🚗 交通資訊

交通方面由北二高新台五交流道下高速公路，沿 5 甲省道往市區前行，依指標右轉接秀峰路續行可抵大尖山。

內洞森林遊樂區

觀 賞 種 類	出 現 月 份
黃胸黑翅螢	四月～五月
鹿野氏紅翅螢	四月～五月

●端黑螢

內洞森林遊樂區位於烏來西南方的信賢村，隸屬林務局所管轄，氣候潮濕多雨；南勢溪和內洞溪在此交匯，形成特殊地理景觀。園區以信賢瀑布為主要觀景點，常有許多台北樹蛙聚集鳴叫求偶，因其鳴叫聲如「哇……」之音，所以此區又名為「娃娃谷」。

種子學苑至雲仙瀑布之間的步道，是觀賞黃胸黑翅螢的主要路線。此步道十分寬敞，右邊山壁有多處泉水冒出，水質清澈，水量穩定；積水處可發現不少黃胸黑翅螢幼蟲，成蟲於四月間出現，發黃綠色光，常見於步道旁草叢裡且數量很多。當地出現種類有山窗螢、紋螢、擬紋螢、蓬萊短角窗螢、黃胸黑翅螢、橙螢、紅胸黑翅螢、脈翅螢。

●梭德氏脈翅螢

交通資訊

交通方面由台北沿9號省道經新店至青潭，右轉接9甲省道續走可抵內洞森林遊樂區。

●農場旁步道動植物生態相當豐富

烏來生態農場

觀 賞 種 類	出 現 月 份
黑翅螢	四月～五月
蓬萊短角窗螢	七月～八月
山窗螢	十月

　　烏來生態農場位於烏來西北方山區，佔地 30 公頃，海拔高度約 600 公尺。由農場後方小徑向上行，步道兩旁植物生態相當豐富，白天來此，可看到各種鳥類在森林中穿梭；夜晚則有滿天飛舞的螢火蟲及各種夜行性甲蟲，是進行自然觀察的好去處。當地出現的螢火蟲種類有山窗螢、黑翅螢、紋螢、擬紋螢、蓬萊短角窗螢、黃胸黑翅螢、橙螢、紅胸黑翅螢、脈翅螢。

🚗 交通資訊

　　交通方面由台北沿 9 號省道經新店至青潭，右轉 9 甲號省道至烏來，沿環山路續行可抵烏來生態農場。

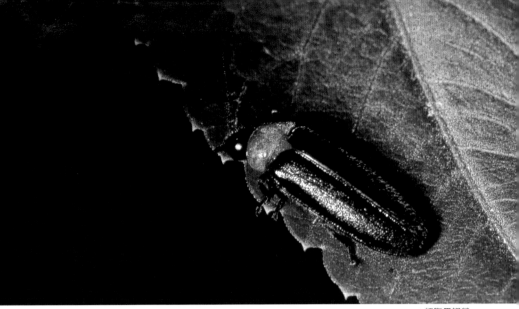

●紅胸黑翅螢

福山村

觀賞種類	出現月份
黃胸黑翅螢	四月～五月
蓬萊短角窗螢	七月～八月
山窗螢	十月

福山村位於南勢溪上游，距烏來約18公里，是一個淳樸的泰雅族原住民部落。由新店沿指標前進，過信賢村後即爲山地管制區，需辦理乙種入山證才能進入。沿途溪澗河谷交錯，氣候潮濕土壤水份充足，保有著天然的森林環境，是動植物天堂。

哈盆至福山村之間，是黃胸黑翅螢出現較多地段，四月發生期，有大數量的成蟲出現。其他出現種類有山窗螢、紋螢、擬紋螢、大端黑螢、黑翅螢、蓬萊短角窗螢、黃胸黑翅螢、橙螢、紅胸黑翅螢、脈翅螢。

🚗 交通資訊

交通方面由台北沿9號省道經新店至青潭，右轉接9甲省道至烏來，右轉過信賢續走可抵福山村。

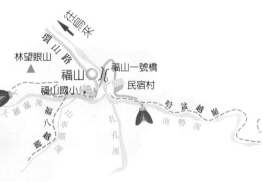

基隆、瑞芳地區

八斗子海濱公園

觀 賞 種 類	出 現 月 份
橙螢	十月
台灣窗螢	五月～九月

八斗子海濱公園位於八斗子漁港旁的山丘上，有著名的豆腐岩景觀，每逢假日，常吸引眾多的賞景人潮。山谷兩側是潮濕的闊葉林，林木茂密，十月橙螢發生期，溪谷兩旁隨處可見螢火蟲飛舞；成蟲全身橙黃色，發黃綠色光，無近似種相當容易辨識，成蟲活動約 1 個小時左右。順著石階往下走，來到了忘憂谷大草原，此區是觀賞台灣窗螢極佳的景點，除了寒冷的冬季外，數量都相當穩定。

龍崗步道

觀 賞 種 類	出 現 月 份
端黑螢	七月～八月
黑翅螢	四月～五月

龍崗步道位於基隆市海洋大學後方山坡上，為一條環形登山步道，沿途動植物相當豐富，屬亞熱帶季風氣候區，冬季盛行東北季風，氣候潮濕多雨。四、五月間有大量的黑翅螢出現，常吸引許多民眾前往觀賞，為基隆地區自然觀察及賞螢最好的地點。出現種類有橙螢、黑翅螢、台灣窗螢、端黑螢。

 交通資訊

交通方面由基隆交流道接東岸高架橋下高速公路，沿中正路接 2 號省道至八斗子，再由八斗子沿環山路直走，可抵達八斗子海濱公園。

由中山高速公路北端出口下高速公路，沿中正路前行接北寧路抵海洋大學，經男生宿社後方山路上山可抵龍崗步道。

102

●九份山區常見大片的芒草草原

九份山區

觀 賞 種 類	出 現 月 份
黑翅螢	四月～五月
橙螢	十月
台灣窗螢	五月～九月

　　九份位於台北縣瑞芳鎮，是一個沒落的採金礦區，西邊與瑞芳交界，東邊與金瓜石為鄰；由於開發的早，森林大都已經消失不見，取而代之的是大片的芒草草原。冬季盛行東北季風，屬亞熱帶季風氣候區。境內群山圍繞，平原稀少。琉榔腳至九份的觀光步道是賞螢的主要路線，沿途景色優美，氣候涼爽潮濕，是一個踏青賞螢的好景點。常見到的種類有橙螢與山窗螢，其它出現的種類有大端黑螢、紋螢、紅胸窗螢、蓬萊短角窗螢、台灣窗螢等。

青雲殿
九濱公路
統一礦泉水廠
北35
台陽合金公司
九　份
雞龍山
七番坑
卍金山寺
基山活動中心
瑞金公路
102
台陽礦業公司
派出所
瑞金公路
北34
新山
輕便路
九份茶坊
九份芋園
福山宮
金石橋
頌德公園
福佳社區活動中心
九份國小
瑞雙公路

交通資訊

　　交通方面由八堵交流道下高速公路，沿2丁省道經暖暖至瑞芳，右轉接102縣道可抵九份。

新店、木柵地區

木柵指南宮

觀賞種類	出現月份
黑翅螢	四月～五月
山窗螢	十月

指南宮位於台北市文山區，政治大學後山，海拔250公尺至300公尺；廟內供奉八仙之一的呂洞賓，又稱之為仙公廟，為台灣著名的道教勝地。指南國小至三玄宮之間的步道為早年茶農運送茶葉的重要的路線，步道全長1.2公里，是著名茶葉古道，沿途兩旁全是低矮的芒草及雜木林，有不少的黑翅螢出現。一般我們觀賞螢火蟲，除成蟲期這段時間外，其它時間均不容易看見，主要原因是大部份螢火蟲幼蟲雖然都會發光，但發出的亮度和成蟲比起來較弱，且有些種類在平時並不發光，只有在受到干擾時才會發出警戒光，所以縱使地區內有非常多幼蟲，仍然不易發現。當地出現種類有大端黑螢、山窗螢、黑翅螢、紅胸窗螢、橙螢、擬紋螢。

交通資訊

由北二高台北聯絡線萬芳交流道下高速公路，右轉沿木柵路直走接木新路，依指標左轉指南路，再接萬壽路續行，即可到達。

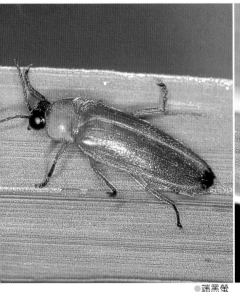

●端黑螢　　　　　　　　　　　　　　　　●橙螢

新店銀河洞

觀 賞 種 類	出 現 月 份
黑翅螢	四月～五月
紅胸黑翅螢	四月～五月

　　銀河洞位於新店山區，楣子寮溪溪水順著洞口直衝而下，形成著名的銀河瀑布，氣勢雄偉壯觀，常吸引許多遊客圍觀。由登山口至此全程約 20 分鐘，沿途步道潮濕陰涼，步道兩旁及森林底層，可發現數量眾多的螢火蟲，其中黑翅螢與紅胸黑翅螢是當地最常見到種類，發光也相當亮。另外在楣子溪兩岸的山壁谷間，秋冬交替時節有山窗螢出現。螢火蟲大發生時通常只有一至兩個星期，大多數成蟲在這段期間內羽化交尾。

🚗 交通資訊

　　由台北經文山至新店，沿 9 號省道往坪林方向前行，過大崎角後約 1.3 公里處左轉續走可抵達。

●竹子湖是郊遊踏青及賞螢的好去處

陽明山地區

竹子湖海芋田

觀賞種類	出現月份
黃緣螢	三月～八月

　　竹子湖是位於大屯山、七星山和小觀音山之間的山谷，海拔約 600 公尺，年降雨量 4,500公釐。沿環山路直走至頂湖及水尾，路旁水田種植大片的海芋，花開時整片白色的花海，迎風擺動，十分美麗壯觀。海芋田是黃緣螢的棲息地，幼蟲以水生螺貝類為食，三月至八月是成蟲的發生期，可以看見幾百隻成蟲在水田上方飛舞。成蟲在天黑後隨即出現，約兩個小時後結束，常數十隻聚集在水田進水口邊坡草叢上交配產卵，一般在 200 至 300 顆之間。黃緣螢每年有兩次發生高峰期，馬槽附近的灌溉溝渠也有不少黃胸黑翅螢出沒。

🚗 交通資訊

　　交通方面可由仰德大道直走上陽明山，接 2 號省道至竹子湖，到竹子湖時左轉往水尾或頂湖皆可。

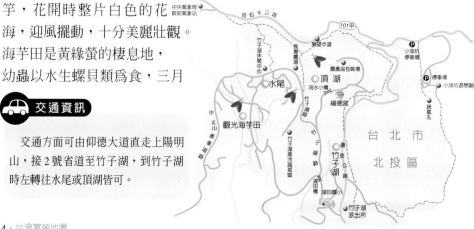

菁山自然中心

觀 賞 種 類	出 現 月 份
黃緣螢	三月～八月
黑翅螢	四月～五月

　　菁山自然中心座落於陽明山國家公園內，海拔約 600 公尺左右，冬季潮濕多雨水源豐富。中心內設置了水生螢火蟲生態展示區，展示黃緣螢的生態；民國 87 年經楊平世教授指導在園區闢建一處池沼型棲息環境，從事黃緣螢的復育工作。

　　由菁山社區沿絹絲步道往上走可通往絹絲瀑布，瀑布高 20 公尺，水量不大，步行約 30 分鐘可抵，沿途林木茂密，氣候陰涼潮溼，岩壁四處長滿了青苔。四月間黑翅螢大發生時，可看見螢火蟲滿天飛舞的景象，但時間只持續一週左右，之後數量便明顯減少。此外大端黑螢、紋螢、端黑螢及黃胸黑翅螢也是本區常見的種類。

夢幻湖生態保護區・冷水坑・擎天崗・冷水坑苗圃・涓絲瀑布・植物研究中心・七星山步道出口・陽明山國家公園 菁山自然中心・陽明山重軍營地 遊客服務中心・陽明山公園・國際大旅館・菁山露營區・菁山小鎮・福壽橋・山豬湖・陽明路一段・菁山路101巷・菁山路101巷・士林觀光花園・陽金公路

🚗 交通資訊

　　交通方面由台北交流道下高速公路，沿重慶北路經士林走仰德大道上陽明山，經山仔后右轉菁山路直走，在大功水耕推廣中心旁左轉菁山路 101 巷，過山豬湖可抵菁山自然中心。

●雲南扁螢雄蟲

大屯自然公園

觀 賞 種 類	出 現 月 份
黑翅螢	四月～五月
紅胸黑翅螢	四月～五月

大屯自然公園位於巴拉卡公路旁，佔地 55 公頃，海拔高度在 300 公尺至 1,080 公尺之間，年降雨量約 3,000 公厘。位於公園後方的菜公坑山步道，是以菜公坑山為中心闢建出的森林步道；由大屯山自然公園入口處對面進入，步道前段為低海拔闊葉林，林下陰涼潮濕，有不少黑翅螢及紅胸黑翅螢棲息；步出森林後，沿途盡是低矮的芒草草原，出現種類換成了蓬萊短角窗螢及台灣窗螢，但是數量不多。

●紅胸窗螢雄蟲

二子坪步道有「蝴蝶花廊」之稱，以停車場為起點，全長 1.7 公里，步道坡度平緩寬闊，沿途風景幽美，步道兩旁經常可以看見蝴蝶在花叢間飛舞，為郊遊踏青及賞螢的好去處。出現種類有紅胸黑翅螢、黃胸黑翅螢、雲南扁螢、大端黑螢、橙螢及蓬萊短角窗螢。

交通資訊

交通方面經圓山轉士林到陽明山，再轉接陽金公路到七星山站，由七星山站牌對面左轉入巴拉卡公路，行約 2 公里，在大屯山登山口步道前的停車場停車，沿著蝴蝶花廊，二子坪遊憩區的指標步行約 1.8 公里即可到達。

平等里(坪頂)山區

觀賞種類	出現月份
黑翅螢	四月～五月
黃胸黑翅螢	四月

平等里又稱坪頂，位於士林東北方山區，海拔高度400多公尺，為低海拔闊葉林區；附近有三條百年以上的灌溉水渠(坪頂舊圳、坪頂新圳、登峰圳)，水流清澈，適合黃胸黑翅的生長，為北部山區觀賞水

生螢火蟲的理想地點；此外10月中旬也有為數不少的橙螢出現。

聖人瀑布位在坪頂東邊山谷，瀑布高約15公尺，水量豐沛，由於河谷地形氣流旺盛，午後常有雷陣雨發生。瀑布附近是理想的賞螢地點，有多種螢火蟲出現，其中以黑翅螢較具代表性，但路面濕滑需注意自身安全，可由平等里沿溪平古道步行前往。出現種類有黑翅螢、端黑螢、山窗螢、橙螢、北方鋸角螢、雲南扁螢、大端黑螢。

●山窗螢

交通資訊

1.由台北交流道下高速公路，沿重慶北路往北行，接中正路在雙溪公園旁右轉至善路，續行至明德樂園前左轉平溪產業道路，再直走即可抵達坪頂。

2.由士林往故宮博物院方向直走,行經雙溪公園右轉至至善路,在聖人橋附近左轉可抵聖人瀑布。

北新莊山區

觀賞種類	出現月份
黃胸黑翅螢	四月
黑翅螢	四月～五月
橙螢	十月

　　北新莊位於台北縣三芝鄉西南方，與大屯溪相鄰，冬季盛行東北季風，氣候潮濕多雨。沿著大屯溪古道往上順著溪邊走，沿途綠草如蔭景色優美，春季有黑翅螢發生，每到發生期常吸引許多民眾前來觀賞螢火蟲，為一處適合全家一同前往的賞螢地點。出現的種類有黃緣螢、黃胸黑翅螢、蓬萊短角窗螢、橙螢、山窗螢、黑翅螢，其中以黑翅螢較具觀賞價值，數量也最多。

🚗 交通資訊

　　由台北交流道下高速公路，走重慶北路往北行，右轉中正路續行，至陽明高中前左轉接2號省道，經士林、關渡至淡水，轉101縣道往三芝方向前行，至百拉卡公路路口即是北新莊。

●虎山溪水源來自四獸山山區

四獸山市民公園

觀賞種類	出現月份
黑翅螢	四月～五月
黃緣螢	三月～九月

　　四獸山位於台北市南港區，海拔高度375公尺，屬南港山稜的四個支脈，依山勢形態分別命名為虎山、獅山、豹山及象山。虎山溪水源來自虎山山區，為經人工整治過的溪流環境，民國八十六年開始從事黃緣螢的復育工作，並於八十七年二月野放二千隻黃緣螢幼蟲，成蟲於同年

●虎山溪賞螢步道

四月開始出現。另外，沿虎山自然步道往上行，四、五月間有不少黑翅螢和紅胸黑翅螢在溪澗旁草叢中飛舞，數量估計有數百隻，為一處適合全家一同前往的賞螢地點。

南港研究院路緊鄰四分溪溪谷，由中華工專後方往上走，兩旁樹木蒼翠繁茂，氣候陰涼潮濕，無論是森林底層或芒草叢，都可以發現不少螢火蟲，其中黑翅螢與紅胸黑翅螢是最容易見到的螢火蟲種類。

交通資訊

由圓山交流道下高速公路，走建國高架道路往松山方向前行，左轉接信義路後直走，至松仁路右轉，在永春高中停車，步行上山即可。

桃園地區

五峰山區

觀 賞 種 類	出 現 月 份
黑翅螢	四月～五月
黃胸黑翅螢	四月～五月

　　銀絲瀑布位於五峰鄉東側山區，海拔高度約500公尺左右，為上坪溪上游支流，水流清澈見底，懸崖自溪谷拔起直聳天際；每當雨季來臨時，白茫茫的飛瀑由高處直瀉而下，氣勢壯觀雄偉，令人讚嘆不絕。溪谷兩旁樹蔭遮天林木茂密，為天然亞熱帶闊葉林，林下多為陰暗潮溼的植被，動植物生態相當豐富，瀑布附近的南口吊橋是觀賞螢火蟲的最佳地點。由吊橋往下看，可以見到數量眾多的黑翅螢在溪谷兩旁活動，大發生時，整片溪谷閃爍耀眼，就像天上銀河一般亮麗；偶爾也可以在溪谷的草叢發現雲南扁螢的蹤跡，其幼蟲常於地面上爬行，發光亮而明顯，但數量不多。當地出現的螢火蟲種類有黑翅螢、大端黑螢、紋螢、擬紋螢、端黑螢、紅胸黑翅螢、雲南扁螢、黃胸黑翅螢、梭德氏脈翅螢等。

●五峰鄉交通相當便利

扇子排山
銀絲瀑布
五峰
南口吊橋
南口營地
五峰國中
泰平
五峰國小
上坪溪
和平大橋
谷燕瀑布

🚗 **交通資訊**

　　由北二高竹林交流道下高速公路，沿122縣道經瑞峰續行，過五峰檢查哨後，依指標左轉，再往下走，過南口吊橋可抵銀絲瀑布。

大聖度假遊樂世界電話(03)5960000

觀霧森林遊樂區

觀賞種類	出現月份
黑翅螢	四月～五月
雪螢	十月～十一月
神木螢	十一～十二月

●大鹿林道是前往觀霧森林遊樂區的唯一道路

觀霧森林遊樂區位於苗栗縣泰安鄉，屬於新竹林管處竹東造林中心，海拔高度 2,000 多公尺，氣候陰涼潮濕，為雲霧盛行地帶，山頭經常籠罩在雲霧裡。此地賞螢季節以冬季較佳，檜山巨木森林步道於 11～12 月有神木螢發生，族群數量大且穩定，是台灣螢火蟲中最耐寒的種類，也是窗螢類體型最小的種類，在海拔 2,500 公尺以上山區仍可發現；大鹿林道為觀霧森林遊樂區的聯外道路，位處於新竹縣五峰鄉境內，海拔高度 600 公尺至 2,000 公尺，四月至六月間有數種螢火蟲發生，其中以黑翅螢數量最多，也是最常見到的螢火蟲，其廣泛分布於全島中低海拔山區，是各地觀賞螢火蟲的主要種類。當地出現的螢火蟲種類有黑翅螢、橙螢、大端黑螢、黃緣短角窗螢、山窗螢、雪螢、神木螢、小紅胸黑翅螢、黃胸黑翅螢、紋螢、雙色垂鬚螢。

🚗 交通資訊

交通可由新竹交流道下高速公路，沿 122 號縣道至清泉，再右轉大鹿林道直走至觀霧，從清泉起 2 6 公里處進入園區。

或由北二高竹林交流道下高速公路，沿 1 2 0 縣道經竹東、五峰抵青泉風景特定區後，續沿大鹿林道直行經山地管制哨辦理入山證後直行即達。

● 李崠山沿線冬季鋸角雪螢發生時，場面相當壯觀。　　　　　　　　　　● 那羅溪由東向西縱貫全境

● 尖石地標

尖石山區

觀賞種類	出現月份
黑翅螢	四月～五月
鋸角雪螢螢	十～十一月
紅胸黑翅螢	四月～五月

　　尖石鄉位於新竹縣東方山區，由橫山沿 120 縣道前行達尖石後，在右前方可見尖石鄉的精神指標『尖石岩』，其形態雄偉氣勢壯奇，是尖石鄉命名的由來。過尖石大橋再向前走，到了錦屏村的那羅部落，海拔高度約 600 公尺，那羅溪由東向西貫穿全境，構成特殊之河谷平原地形；四、五月間至此，可見成群的螢火蟲在山谷中飛舞，其中黃胸黑翅螢與黑翅螢是最常見到種類，除了乾燥的冬季外，數量都相當穩定。

　　此地出現螢火蟲種類有黑翅螢、大端黑螢、端黑螢、小紅胸黑翅螢、黃胸黑翅螢、山窗螢、黃緣螢、蓬萊短角窗螢、雲南扁螢等；此外，李崠山沿線也有不少鋸角雪螢出現，十月至十一月發生期，步道兩旁草叢裡隨處可見其蹤影，天黑後隨即從芒草叢中飛出，沿著山勢盤繞飛舞，點點螢光與星光相互輝映，為冬季夜晚增添些許亮光，成蟲出現約 1 個小時左右結束，是新竹縣重要賞螢景點。

🚗 **交通資訊**

　　由北二高竹林交流道下高速公路，沿 120 縣道經橫山可抵尖石，過尖石大橋續走可抵那羅，再從宇老左轉馬美道路可抵李崠山。

九芎湖地區

觀賞種類	出現月份
台灣窗螢	四月～九月
褐邊端黑螢	四月～九月

●園區林木翠綠繁茂

　　九芎湖休閒農業區位於新埔鎮照門里，是全台第一個休閒農村示範區，園區內林木翠綠繁茂，風光宜人，為一處兼具農業生產與觀光休閒的休閒農業區。

　　當地居民長期致力生態的復育工作，其中陳家農園更設置獨角仙生態園區，讓獨角仙保留生存的空間，也讓前來的遊客體會昆蟲生態奧秘；除此之外，居民並積極進行霄裡溪生態復育，當遊客參觀生態區時，可看到不同以往溪流景觀及其生態。

　　九芎湖古道是新埔鎮遺留的十餘條古道之一，這條鮮為人知的歷史古道，隨著近年來觀光休閒活動的興起，逐漸被加以重視，古道沿途保留有蒼蓊的樹林，樹林下滿佈各式各樣的植物；四月是螢火蟲出現的季節，每當夜幕低垂，草叢中即出現點點螢光，讓賞螢的民眾驚喜不已，因地勢崎嶇複雜，前往賞螢的民眾需注意自身安全。

🚗 交通資訊

　　由中山高竹北交流道下高速公路，接1號省道至竹北，右轉接118縣道至新埔，再接115縣道續行，過箭竹窩後左轉可抵九芎湖休閒農業區.

　　或由北二高關西交流道下高速公路，接118縣道至新埔，轉115縣道續行，過箭竹窩後左轉可抵九芎湖休閒農業區。

內大坪冷泉

觀賞種類	出現月份
黑翅螢	四月～五月
山窗螢	十月
黃胸黑翅螢	四月～五月

內大坪冷泉又名北埔冷泉，位於北埔鄉五指山西側，是台灣地區僅有的兩處冷泉之一。沿途綠樹遮蔭景色優美，假日常吸引眾多來泡冷泉、烤肉、戲水的人潮。由於當地屬陰溼的溪谷地形，因此蘊育出多樣的螢火蟲生態，不論是生存於山澗溪流的黃胸黑翅螢，或是體型大、發持續光的山窗螢，都十分常見，是個資源豐富且安全性高的賞螢路線。出現種類有黑翅螢、大端黑螢、端黑螢、山窗螢、橙螢、紅胸窗螢、蓬萊短角窗螢、黃胸黑翅螢、雲南扁螢、紅胸黑翅螢等。

🚗 交通資訊

由新竹交流道下高速公路，沿122縣道抵竹東，轉3號省道進入北埔，沿中正路直走至北埔郵局附近接大坪路直走可抵北埔冷泉。

或由北二高竹林交流道下高速公路，沿120縣道往竹東方向前行，至竹東轉3號省道抵北埔後左轉續走可抵北埔冷泉。

●內大坪冷泉地標

●大聖遊樂世界可遊憩兼觀賞螢火蟲

●五指山往大坪的產業道路螢火蟲種類豐富

橫山地區

大山背山

觀賞種類	出現月份
黑翅螢	四月～五月
端黑螢	七月～八月
大端黑螢	四月～五月

●大山背山是橫山地區重要賞螢地點

　　大山背山位於新竹縣橫山鄉橫山村，屬於原始森林的自然景觀。大山背山標高705公尺，是良好的眺望景點，可俯望整個新竹地區；曲折的山間小徑蜿蜒其間，擁有極豐富的生態資源，為適合全家一同前往的自然觀察地點。由萬瑞度假村前左轉岔路可抵豐鄉瀑布，一路上風光明媚景色宜人，是一處相當熱門的賞螢地點，每當夜幕低垂漫步在林道中，沿途隨處可見螢火蟲四處飛舞，被當地人稱為「星海」；種類以黑翅螢為主，大發生時溪谷附近數萬隻螢火蟲飛舞的壯麗景觀，是新竹山區夏季賞螢的好去處。出現種類有黑翅螢、大端黑螢、端黑螢、山窗螢、橙螢、黃緣螢、黃胸黑翅螢、雲南扁螢、小紅胸黑翅螢、暗褐脈翅螢與紅胸黑翅螢等。

　　豐鄉瀑布位於大山背山東麓，油羅溪的上游，水流娟細水量不大；沿途樹蔭遮天，保有相當原始的生態景觀，可以輕易看見螢火蟲的蹤跡。螢火蟲種類與大山背山出現的種類類似。

交通資訊

　　由新竹交流道下高速公路，沿122縣道至竹東，在新竹火車站前左轉東寧路(3號省道)，直走過竹東大橋續行可抵萬瑞森林遊樂區。

　　或由北二高竹林交流道下高速公路，沿１１８縣道轉台三縣往竹東方向續行可抵萬瑞森林遊樂區。

內灣地區

觀 賞 種 類	出 現 月 份
黑翅螢	四月～五月
紋螢	四月～五月
紅胸黑翅螢	四月～五月

內灣位於橫山鄉東方山區，是台鐵內灣支線的終點站，也是通往尖石鄉的入口；油羅溪由東向西貫穿其間，四周高山峻嶺環繞，景色優美秀麗，是一個民風淳樸的小村落。沿內灣國小旁的山路往上走，路旁林蔭鬱密，植物林相相當豐富，行走其間，清風徐來，感覺十分舒服。

此地出現的螢火蟲種類及數量皆非常豐富，漫步在步道中隨處可見螢火蟲飛舞，由於交通尚稱便利，每到夏季常吸引許多遊客前來觀賞螢火蟲。常見到的種類有黑翅螢、大端黑螢、端黑螢、紋螢、山窗螢、橙螢、紅胸黑翅螢等。

🚗 交通資訊

由新竹交流道下高速公路，沿 122 縣道至竹東，轉 3 號省道經橫山至合興，接 120 縣道可至內灣。

或由北二高關西下交流道下高速公路，沿三號省道經橫山至合興，左轉接 120 縣道續走可抵內灣。

●內灣地區　　　　　　●內灣國小後山是主要賞螢點

關西地區

錦仙世界

觀 賞 種 類	出 現 月 份
黃緣短角螢	十月～十一月
雪螢	十月～十一月

錦仙世界位於新竹縣關西鎮錦山里，海拔高度1,700公尺，有楊梅神木、彩虹瀑布、水濂洞、千年神龜等景點；沿途自然生態豐富多樣，各種鳥類在林間穿梭，宛如世外桃源，是條交通良好的登山健行路線，隨著近年來賞螢活動的日漸盛行，這些交通良好的地點，已成為假日休憩新據點。出現種類有雪螢、山窗螢、梭德氏脈翅螢、紅胸窗螢、黃緣短角窗螢。

石門水庫
長興
鱒馬公路
上高遠
金桃山
休閒樂園
烏嘴
118 錦山
金鳥海族樂園
渼湖
錦仙森林世界公園
往關西
馬武督
蝙蝠洞

🚗 **交通資訊**

由中壢交流道下高速公路前行至中壢，沿113縣道至龍潭，接3號省道至關西，至東光里左轉118縣道可抵錦仙世界。

或由北二高關西交流道下高速公路，沿118縣道直走可抵錦仙世界。

●錦仙世界的入口

●上林觀光農場

關西農場(上林觀光農場)

觀賞種類	出現月份
黑翅螢	四月～五月
橙螢	十月

　　關西農場又名「上林綜合觀光農園」，占地6.6公頃，採多元化角度經營；由於農場從事有機栽培，不使用農藥，園中黑翅螢自然繁殖，每年4月至5月的發生期，樹林中螢光點點，蔚為奇景，數量之多是其它地區少見，假日常吸引了許多遊客前來觀賞螢火蟲。出現種類有大端黑螢、黃緣螢、邊褐端黑螢、黑翅螢、紋螢、橙螢、山窗螢、端黑螢與台灣窗螢。

🚗 交通資訊

　　由北二高關西交流道下高速公路，沿118縣道往新埔方向直走，至十光國小左轉經坪林大橋抵坪林，右轉續走可抵關西農場。
關西鎮上林里7鄰68號
經營班長：邱鏡烽
電話(03)5868306
行動0935915647

苗栗地區

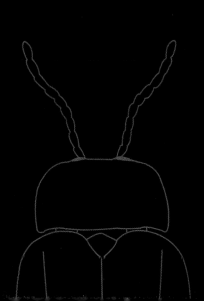

三灣國小後山

觀賞種類	出現月份
黑翅螢	四月～五月
端黑螢	七月～八月

　　三灣國小位於苗栗縣三灣鄉境內，主要水源中港溪發源於南庄山區；由於受到地形阻隔的影響，河道蜿蜒曲折；在眾多河灣中，以位於三灣鄉境內的三個大灣，最為奇特壯觀。此處賞螢點由國小後方小徑向上行，約十多分鐘後即可到達賞螢點，路旁樹蔭密生，林下則多為陰暗潮溼的植被，螢火蟲種類和數量都非常豐富，其中黑翅螢廣泛分布於全區道路兩旁，成蟲具有亮麗的黑色翅膀而得名，出現數量多。

　　幼蟲一般生活於林間底層，肉食性，據觀察發現，幼蟲有做土繭休眠的習性，土繭外觀與化蛹時製作的蛹室並不相同，無明顯開口。較常出現的種類有紅胸黑翅螢、大端黑螢、端黑螢、山窗螢、紋螢、擬紋螢、紅胸窗螢。

交通資訊

　　由頭份交流道下高速公路，沿1號省道東行，接124號省道至珊珠湖，右轉接3號省道可抵三灣。

●三灣國小後方山麓每到4、5月間，便會出現許多螢火蟲

明德水庫山區

觀賞種類	出現月份
黑翅螢	四月～五月
台灣窗螢	四月～九月

上●明德水庫是供應苗栗地區重要水源
下●明德水庫地標

明德水庫位於頭屋鄉明德村，，總蓄水量1,700萬立方公尺，是供應苗栗地區民生及工業的重要水源。水庫四周林木蒼翠，景色幽靜，因其風光明媚，交通便捷，遂成為著名的觀光景點。神祕谷為明德水庫上游的一段溪谷，溪水碧綠，富有原始的山野氣息，保有相當獨特之溪流景觀，山區溪流間常見到黑翅螢滿天飛舞的景象。另外台灣窗螢、黃緣螢則是除了冬季外都適合觀賞的種類，其它如山窗螢、台灣窗螢、紅胸黑翅螢、端黑螢、大端黑螢、紅胸窗螢等也十分常見。

交通資訊

從頭份交流道下高速公路，走1號省道至尖山，再轉13號省道可抵明德水庫；或自苗栗交流道下高速公路，走6號省道經苗栗市再轉13號省道，經過扒子崗後即可抵明德水庫。

地址：苗栗縣頭屋鄉明德村5鄰54號

電話：(037)252830, 252743

南庄地區

觀 賞 種 類	出 現 月 份
黑翅螢	四月～五月
脈翅螢	五月～六月

向天湖

　　向天湖位於南庄鄉山區，海拔高度約 750 公尺左右，是一處群山圍繞的小湖泊，湖內波光瀲瀲景色優美，居民以賽夏族原住民居多。盆地東側受大東河不斷的切割侵蝕，峭崖壁立，形成獨特的地形景觀；盆地內梯田廣布，四周林木茂密，保存相當完整的自然環境，蘊育出種類繁多的動植物生態，又因地勢較高，每逢多春之際，常為雲霧所籠罩，白雲縹緲，有如人間仙境，為理想的森林浴場。由於地形環境特殊，加上氣候終年溫暖潮濕，非常適合螢火蟲生長，每年

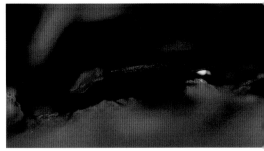
●山窗螢雄蟲

4 月到 10 月是賞螢的季節；從族群數量上來說，最具代表性的種類非黑翅螢莫屬，幼蟲一般偏好於較陰濕的環境，全台的中低海拔山區經常可見其閃爍，常和紅胸黑翅螢、大端黑翅螢一起出現，在當地主要見於溪谷附近或潮濕的步道旁。其它出現種類有小紅胸黑翅螢、黑翅螢、蓬萊短角窗螢、山窗螢、橙螢、紋螢、脈翅螢等。

●鹿場沿途水源豐富

●向天湖有著如世外桃源般景色

鹿場

鹿場位於南庄鄉大東河上游山區，海拔高度介於800公尺至900公尺之間，居民多為泰雅族原住民；民風淳樸，部落四周高山峻嶺環繞，多陡坡，平原地極少。由石門至忘憂谷之間路段，沿途峭壁瀑布眾多，氣勢宏偉壯麗，景色迷人。

境內有多條林間小徑，大多有螢火蟲活動，其中以石門吊橋附近安全性較高，較適合前往；沿著指標從亞立世山莊旁步行下溪谷，眼前所見的都是茂密的原始森林。植物林相複雜，棲息的螢火蟲種類亦多，其中多屬低中海拔常見的種類，而以夏季的脈翅螢數量較多，也最適合觀賞；成蟲通常於五月初開始出現，一直持續至六月底，有群聚飛翔的習性，通常會有五、六十隻聚集成一團，形成鬆散的光球，在四、五公尺高的樹林間不斷翻滾移動，活動約一個小時後結束，期間不斷有螢火蟲往光團聚集，是否為交配前的儀式，尚不十分清楚。常見種類有黑翅螢、山窗螢、雲南扁螢、紋螢、擬紋螢、脈翅螢等。

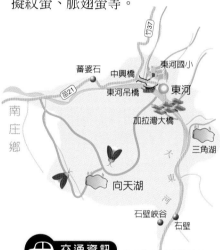

●向天湖入口處有吊橋

🚗 交通資訊

由頭份交流道下高速公路，沿1號省道前行，右轉接124號省道至珊珠湖，再右轉接3號省道經三灣，再接124縣道至南莊，過南莊橋後左轉經東河村接風美產業道路可抵向天湖及鹿場。

吶善固順民宿村(037)821421
風美山莊(037)821242
鹿場山莊(037)822204
山中山莊(037)821410

飛牛牧場

觀賞種類	出現月份
邊褐端黑螢	四月～九月
台灣窗螢	四月～九月

●台灣窗螢是飛牛牧場主要出現的螢火蟲種類

　　飛牛牧場位於苗栗縣通霄鎮南和里，占地80公頃。目前園區規劃有休閒活動區、自然生態保育區、蝴蝶館、可愛動物區、旅客服務中心及大草原等部份，草原蒼翠遼闊，景色優美。生態保育區北側有不少螢火蟲活動，目前只發現台灣窗螢及邊褐端黑螢兩種，從發光方式來說，這兩種螢火蟲發光方式截然不同。其中邊褐端黑螢爲閃爍的黃綠色光，且雌雄都會發光；而台灣窗螢則是發出青綠色持續光，相當容易辨識。每到夏夜，草原上方螢光點點好不熱鬧，由於地處平原交通便捷，爲適合全家渡假旅遊，體驗農村生態舒解身心的示範牧場，也是夏季賞螢的好地點。

🚗 交通資訊

　　自三義交流道下高速公路，沿130縣道往三義方向前行，至苳蕉坑右轉往大坪，接121縣道至南和，再依指標續行可抵飛牛牧場。

　　或由北二高香山交流道下高速公路，沿西濱快速道路經白沙屯，接1號省道沿通霄外環道，過隧道左轉121號縣道可抵飛牛牧場。

地址：通霄鎮南和里166號
(037)782999, 783195-8, (037)782091
電話：(037)782999 備食宿
全票200元　　**半票**150元
團體票180元　　**小型車清潔費**50元

獅潭永興村

觀賞種類	出現月份
黑翅螢	四月～五月
山窗螢	十月～十一月

永興村位於苗栗縣獅潭鄉，為南北走向的溪流縱谷地形，海拔 200 至 300 公尺，屬低海拔丘陵地形；水源來自東西兩側山區陵脈支流，匯集後流入後龍溪，因地勢平坦，溪水流速漸緩，在獅潭鄉形成了狹長的河階台地，即為永興村聚落所在。永興國小至圳頭之間的產業道路是賞螢的主要路線，遊客可由永興一號橋旁上山，沿著產業道路往上走，該地處溪谷地形，地形崎嶇複雜，過永興國小後，林相變化相當大，路旁右側有一小溪，溪谷兩岸為天然闊葉林，林下陰暗潮溼植被繁茂，有豐富的動植物生態資源，常見各種鳥類在溪谷間不停的穿梭跳躍；順著溪邊繼續往上走可抵圳頭，每當夜幕低垂，一隻隻螢火蟲隨即出現，在林間四

●永興國小附近可見不少螢火蟲四處飛舞

處飛舞閃耀，為山區增加許多熱鬧氣氛，其中以春季的黑翅螢最為活躍，也最適合觀賞，成蟲常出現在近溪谷的草叢間，數量相當穩定，是一處適合生態觀察、賞鳥賞螢的好地方。出現的種類有山窗螢、台灣窗螢、紅胸黑翅螢、端黑螢、大端黑螢、黃緣螢。

交通資訊

由苗栗交流道下高速公路，沿6號省道前行，經苗栗市轉13號省道，至下莊接126縣道經明德水庫可抵永興村。

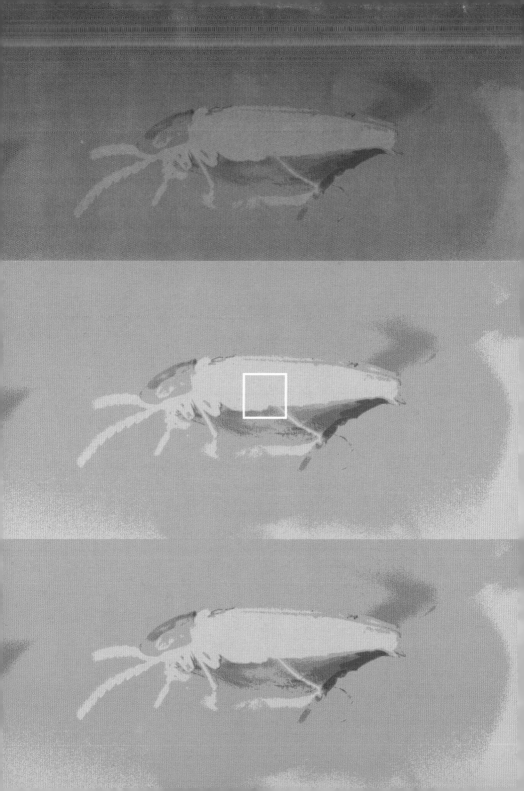

台中地區

●大坑風景區管理所

大坑風景區

觀賞種類	出現月份
山窗螢	十月～十一月
黑翅螢	四月～五月

大坑風景區位於台中市東北方，海拔高度 150 至 800 公尺左右，區內規劃了多條的健行步道，沿路兩旁除可看到各種蝴蝶飛舞，更可欣賞各種鳥類在枝頭鳴叫，具備了生態教育及遊憩等功能。除了豐富的動植物生態，大坑的螢火蟲也十分具有可看性，管理處於民國 89 年開始從事螢火蟲復育，復育地點選擇在中正露營區內，現今已經可以看見數百隻成蟲飛舞其間。在螢火蟲發生季節，管理處並派有解說人員從旁指導，教導民眾正確的賞螢觀念及螢火蟲的生態，由於風景區離市區相當近，易於抵達，吸引不少民眾前往觀賞。

往新莊

129

東山樂園

蕭水巷

大坑風景區管理站

清水巷

豐坑巷

東山國中

大坑

轉坑巷

體能鍛鍊場

東山路

往台中

觀音山

亞哥花園

中正露營區

芎國巷

林肯美國學校

太原路

往台中

北坑巷

逢甲國小

129

往太平

🚗 **交通資訊**

從中清交流道下高速公路，沿大雅路往市區方向前行，在文心路路口左轉，續走接東山路，至圓環後轉 129 縣道可抵大坑風景區。

八仙山森林遊樂區

觀 賞 種 類	出 現 月 份
山窗螢	十月～十一月
黑翅螢	四月～五月

八仙山森林遊樂區位於台中縣和平鄉博愛村，隸屬於林務局東勢林管處管轄，海拔高度於750至1,100公尺之間，為暖溫帶闊葉樹林及針闊葉混合林分布地區。植物種類及環境豐富且多樣，樹種包括了油桐、青楓、樟木、楠木、杉木、二葉松等；全區規劃成戲水、賞鳥、森林浴等區域，並設有森林浴步道，漫步林下，清風徐來，令人心曠神怡。整個遊樂區內共有三條森林步道，都有螢火蟲活動其中，第一條林道位於十文溪河畔，以停車場為起點，沿著步道順著溪邊走，沿途溪水晶瑩碧綠，林下多為陰暗潮溼的植被，適合螢火蟲棲息的環境；每年四月到五月是賞螢的季節，樹林下草叢間螢光點點，與天上星光相互輝映；第二條林道沿下坡階梯往水壩區，溪畔景觀原始，氣候清爽宜人，出現種類及數量同上；第三條林道由遊客中心左側穿越林間來到國小遺址及日式神社，為遊樂區中最適合觀賞螢火蟲的地點，出現的種類和數量都非常豐富，其中以春季的黑翅螢最具觀賞價值，成蟲常於竹林裡飛翔活動，數量不少。常見的種類有黑翅螢、擬紋螢、紋螢、山窗螢、大端黑螢等。

交通資訊

由豐原交流道下高速公路，沿10號省道至豐原市，左轉接3號省道經石岡抵東勢，右轉接8號省道經天冷至和平，過篤銘橋(中橫公路34k)右轉，續走可抵八仙山森林遊樂區。

八仙山森林遊樂區　(04)5951214
訂房專線　(04)5878800
大甲林區管理處　(045)222171
全票100元、半票50元、優待票5元
大型車100元、小型車50元、機車20元

大雪山森林遊樂區（200林道）

觀 賞 種 類	出 現 月 份
鋸角雪螢	十月～十一月
神木螢	十一～十二月

大雪山森林遊樂區位於台中縣和平鄉，面積3,963公頃，海拔在1,000公尺至3,000公尺之間，屬於雲霧盛行帶。蘊藏豐富的紅檜、扁柏、鐵杉等林木資源；遊樂區腹地極廣，有稍來山瞭望台、船型山苗圃、鞍馬山落霞、雪山雲海、天池、雪山神木、瑞雪亭、雪山祠等景點。此區螢火蟲相極為豐富，歷年來均為觀賞螢火蟲熱門的地點；因為海拔適中，植被豐富潮濕十分適合螢火蟲棲息，山區亦不乏若干稀有種類。由東勢鎮前行至大雪山200林道20公里處，海拔1,350公尺，路旁有處棄置廢土形成的空地，四月份有不少脈翅螢類出現，成蟲體型小，外觀和紋螢頗為類似，但發光為青綠色持續光，與紋螢黃綠色閃爍光明顯不同，可依此區別。沿著200林道續行，沿途草木繁茂氣候陰涼潮溼，高大茂盛的原始森林是此地主要的景觀，林道25K至30K之間，十月中旬鋸

●大雪山森林遊樂區午後常有濃霧發生

角雪螢大量出現，在道路上、樹林間來回穿梭，數量有數百隻之多，可說是本區最適合觀賞的種類。續行至林道32K處，右側有一岔路，往下走可通往一處私人農場，此地是知名的觀星地點，常吸引許多觀星族在此聚集。除了觀看天上星光之外，也是極佳的賞螢地點；入口處右側的杉木林下，每年十二月神木螢出現，雄蟲體型明顯比雌螢大，為短角窗螢屬中體形最小的種類，雌蟲棲息在林下落葉間，發光亮度小，並不容易發現。此外，運氣好的話，還可看見全身發出淡綠色螢光的雙色垂鬚螢雌蟲，但數量不多。沿線出現種類有黃緣短角窗螢、鋸角雪螢、神木螢、蓬萊短角窗螢、山窗螢、雙色垂鬚螢、梭德氏脈翅螢、黃胸黑翅螢、雲南扁螢等。

🚗 交通資訊

　　由豐原交流道下高速公路，沿10號省道至豐原市，左轉接3號省道經石岡抵東勢，過橋後直走進東勢鎮市區，在東坑街左轉接大雪山200林道，續走可抵大雪山森林遊樂區。

門票
全票120元、半票60元、優待票50元
大型車100元、小型車50元、機車20元
　大雪山示範林區管理處
　　　(04)25886887
雪霸國家公園管理處
　　　(04)25888647～50
大雪山森林遊樂區　(04)25870004
鞍馬山莊　(04)25870004,
　　　(04)25870014, (04)25872141
　訂房專線
　　　(04)25886887, (04)25878800
大雪山休閒農場
　　　(04)25971210, (04)25971270
豐原興農山莊　(04)25266764

東勢林場

觀賞種類	出現月份
黑翅螢	四月～五月
端黑螢	七月～八月

東勢林場位台中縣東勢鎮東新里，占地225餘公頃，隸屬彰化縣農會管轄，海拔高度介於500至700公尺之間。民國68年起開始從事多元化經營並結合觀光事業，現已成為中部著名的森林浴和賞螢的地點，林場規劃成森林自然生態區及遊樂遊憩區二部分，其中包括森林浴場、大自然教室、蝴蝶谷、螢火蟲區、賞鳥步道等景點。林場內有3條健行步道，除可健行賞鳥之外，更可享受清新舒暢的森林浴及特殊的螢火蟲景觀，是休閒農場中保育螢火蟲成功的範例。目前螢火蟲的保育工作，是採用野外自然保育的方法，觀賞種類以四至五月的黑翅螢、五至六月的大端黑螢、七至八月的端黑螢、九至十月的山窗螢為主，其中四月中旬出現的數量最多，可達數萬隻以上。林場規劃了螢火蟲觀賞區，且設計了夜間觀賞螢火蟲的解說活動，夜間螢火蟲解說活動已實施多年；該林場已建置一座螢火

上●東勢林場螢火蟲館
下●東勢林場設置有螢火蟲觀賞區

蟲館，規劃了螢火蟲觀察地與生態箱，使民眾也能夠在白天看到螢火蟲活動的情況。

東勢林場可以觀察到的種類有黑翅螢、橙螢、蓬萊短角窗螢、擬紋螢、紋螢、山窗螢、紅胸窗螢、雲南扁螢、端黑螢、大端黑螢等。

螢火蟲的生態
▲ 鞘翅目，完全變態的昆蟲(一世代經過卵、幼蟲、蛹、成蟲四個階段)。
▲ 幼蟲呈紡錘狀，身體剎扁，捕食特分泌陸漫嚙碎小蝸牛，吸食肉汁，成蟲只吃露水，壽命只有3~7天。
▲ 夜行性昆蟲，白天停憩，光是求偶訊號。

●林場設置螢火蟲的解說牌

🚗 交通資訊

　　由豐原交流道下高速公路，沿10甲省道至豐原，左轉接3號省道經石岡至東勢，過橋後直走進東勢鎮市區，前行至路口左轉勢林路即可抵東勢林場。

東勢林場地址:台中縣東勢鎮勢林街6-1號

電話：

(04)25872191, (04)25883292, 25886161

或(04)25872191-4 平日訂房八折

全票 200 元 (團體票 30 人以上八折)

學生、軍警、兒童票 160 元

東勢林區管理處遊客訂房、訂餐服務中心

(04)25886887, 25878800

林務局東勢林區管理處

(04)25872141-232

四角林林場

觀 賞 種 類	出 現 月 份
黑翅螢	四月～五月
端黑螢	七月～八月

　　四角林林場位於台中縣東勢鎮，隸屬於台中縣農會管轄，其中有豐富的森林生態資源及稀有的動植物景觀，景色相當迷人，是台中地區重要的低海拔林場之一。順著東勢林場露營區東行南側即為四角林溪，是大安溪的上游支流，溪中岩石遍佈，溪水流速平緩，景觀天然原始頗具特色。沿著大門旁的大安溪產業道路前行，一路山徑蜿蜒曲折，沿途綠蔭遮天，處處顯現濃濃的山林風情，是一處老少皆宜安全性高的賞螢地點。當地螢火蟲種類和數量都非常豐富，幼蟲多生活於樹林底層或林緣草叢，以各種螺類及其它節肢動物維生；由於此處相較於東勢林場保有更多的天然林，在螢火蟲的種類和數量上都很豐富，可做為低海拔山區主要賞螢地區。出現種類有黑翅螢、橙螢、紋螢、山窗螢、梭德氏脈翅螢、雲南扁螢等。

●四角林林場入口

🚗 交通資訊

由豐原交流道下高速公路，沿10號省道至豐原，左轉接3號省道至東勢，過橋後直走進東勢鎮市區，前行至路口左轉勢林路，直走至東勢林場，進入林場後沿大安溪旁的產業林道直行即可抵四角林林場。

四角林林場(04)25887161-4

武陵農場桃山步道

觀賞種類	出現月份
鋸角雪螢	十月～十一月
神木螢	十一～十二月

　　武陵農場位於台中縣和平鄉大甲溪上游，占地700餘公頃，海拔高度介於1,740至2,600公尺之間；景點包括七家灣溪、桃山瀑布(煙聲瀑布)、溪邊公園、彌勒佛像等，而七家灣溪更是著名的國寶魚—「櫻花鉤吻鮭」的生育地。農場成立於民國52年，由退輔會經營，林場則是由林務局經營，因開墾的影響，大部分林相均為人工林，除溪流兩岸之植群尚屬天然林外，其餘均為人為環境；當地林木蒼鬱，氣候涼爽宜人，為登山、賞楓、健行、森林浴的理想地點。由武陵青年活動中心後側小徑前行，經武陵吊橋步行約1個多小時，可到達「桃山瀑布」，桃山瀑布又名煙聲瀑布，海拔2,200公尺，瀑布高約80公尺，流水經年不斷，是農場著名景點。步道沿線是相當良好的賞螢路線，冬季有神木螢及鋸角雪螢發生，族群數量甚大，成蟲一般在太陽下山後隨即出現，在樹林底層四處飛舞，但飛行時間甚短，約半個小時後隨即結束；由於山路崎嶇，且冬季氣溫頗低，遊客前往須多加注意自身安全，建議以武陵吊橋附近為宜。

🚗 交通資訊

（一）由宜蘭沿7號省道經員山、大同、接4甲省道(中橫支線)，經棲蘭、思源在志良節與武陵支線相接可抵武陵農場。

（二）由王田交流道下高速工路，走14號省道經草屯至埔里，接14甲省道至大禹嶺轉台8線抵武陵農場。

武陵遊客服務中心　　(04)25901350,25901351,25901259

武陵農場　(04)25901257

武林國民賓館　(04)25901183-4

武陵山莊　(04)25901020 訂房　(04)25878800

榮民休憩中心　(04)25901259

梨山風景區管理所　(04)25989243

武陵森林遊樂區：全票100元、半票50元、優待票10元。大型車80元，小型車50元，機車l0元

＊團體40人以上八折,非例假日個人與團體一律六折優待

●苗圃附近4至5月有黑翅螢大發生

烏石坑山區

觀賞種類	出現月份
黑翅螢	四月～五月
端黑螢	六月～七月

烏石坑位於臺中縣和平鄉自由村境內，為一處山地原住民部落，居民多為泰雅族人，主要水源烏石坑溪與乾溪在北方匯合流入大安溪，年平均溫約攝氏18℃，年降雨量2,700公釐。由部落前行，道路盡頭為特有生物保育中心低海拔試驗站，原屬林務局國有林大安溪事業區122林班烏石坑苗圃，八十二年接收部份苗圃地成立低海拔試驗站，從事台灣特有及珍稀物種的種源保存及復育等研究保育工作。海拔高度介於670至1,800公尺之間，屬低海拔天然闊葉林區。烏石坑溪床沿線依植被的不同可區分為草生地、造林地、次生林、原始林等區域。全區自然原始，生態豐富多樣，提供野生動物各種不同的棲息和生育的環境，是螢火蟲資源較豐富的地區。每年四至五月有黑翅螢發生，成蟲常

●烏石坑地區螢火蟲資源相當豐富

出現於苗圃地區及林道沿線，大發生時數量可達數萬隻；此時，草叢間到處是飛舞的螢火蟲，金黃色光芒在黑暗中不停閃耀，令人讚歎。除此之外，北方鋸角螢也有相當大的數量，成蟲主要出現在林道兩旁，為日行性種類，雌雄外觀相似差異不大，通常於早晨較容易發現。當地出現種類有黑翅螢、橙螢、擬紋螢、紋螢、山窗螢、紅胸窗螢及雲南扁螢等。

交通資訊

由豐原交流道下高速公路，沿10號省道至豐原市，左轉接3號省道經石岡抵東勢，過橋後直走進東勢鎮市區，至東崎街左轉，過自由村後直走可抵烏石坑。

南投地區

合歡山山區

觀 賞 種 類	出 現 月 份
雪螢	十月～十一月
鋸角雪螢螢	十月～十一月
神木螢	十一～十二月

合歡山位於南投縣仁愛鄉與花蓮縣秀林鄉的交界，是大甲溪、濁水溪與立霧溪的分水嶺，海拔高度 3,422 公尺，氣候寒冷多濕，是台灣公認冬季最適合賞雪的地區。翠峰海拔 2,307 公尺，是雪季時的管制站，也是南投客運合歡山線終點，此地視野遼闊，氣候清爽宜人。由台大實驗林入口大門至翠峰中途，道路左側設置一個緊急避難車道，沿著車道旁林道往裏走也可通往翠峰。林道位於山脈的背風面，陰涼而潮濕，路面凹地常有積水產生，由於沿線均為高大原始的天然林，植被豐富茂盛，十分適合螢火蟲棲息生存。

冬季有多種短角窗螢發生，林道前段以神木螢較為常見，天黑後由入口處開始，到處飛舞著螢火蟲，是賞螢的理想地點。

在此出現的神木螢是僅產於中高海拔山區的台灣特有種螢火蟲，也是最小型的短角窗螢類，大致分布於海拔 1,500 至 2,500 公尺的山區，在攝氏 10℃ 以下的夜晚仍照樣出現，堪稱是最不懼寒冷的螢火蟲。續至近翠峰段則是雪螢數量較多，出現數量在數百隻之間，雄蟲活動頻繁，在天黑後半小時內達到高峰，之後便逐漸減少。由於此處路程較遠且較費時，建議還是以入口處觀賞為宜。

1. 由王田交流道下高速公路，沿 14 號省道經埔里至霧社，續行過清境農場後可抵翠峰。

2. 由中港交流道下高速公路，走中港路往市區方向行駛，至文心路右轉直走，過復興路接中投快速道路，至草屯段下快速道路，在草屯手工業研究所前左轉接 14 號省道，經清境農場可抵翠峰。

松雪樓　　(04)25802732

救國團大禹嶺山莊　(04)25991009

　　　　訂房專線　(04)25991173

救國團觀雲山莊　(04)25991173

清境國民旅社　(049)2802748-9

●合歡山冬季也有螢火蟲出現

●雪螢

杉林溪地區

觀賞種類	出現月份
雪螢	十月～十一月
鋸角雪螢	十月～十一月

●通往杉林溪森林遊樂區的指標十分明顯

杉林溪森林遊樂區位於南投縣竹山鎮大鞍里，海拔高度約1,600公尺，占地約40公頃，屬溫帶季風氣候區。園內有石井磯、青龍瀑布、花卉中心、烏松瀑布與天地眼等著名景點；由於園區範圍相當遼闊，園方以交通車接駁，讓遊客到各景點踏青、賞景，除了遊園及森林浴之外，此地的螢火蟲也相當吸引人。森林公園及杉林溪林道是遊樂區內主要的賞螢點，自十月開始即陸續出現，種類以雪螢及鋸角雪螢為主，成蟲天黑後隨即從路旁草叢中飛出，活動頻繁，於十月初達到最高峰，數量多時可同時看見數百隻成蟲在林下飛舞，相當精采。到杉林溪觀賞螢火蟲，需選對時機，十月中旬至十二月底，是欣賞中高海拔螢火蟲最好的季節，長達兩個月的期間，陸續有幾種短角窗螢出現，數量都十分可觀，其它時間上山則不容易見到螢火蟲；此外，溪頭至杉林溪之間的溪杉公路，經921地震後，地質不穩定，沿線道路仍時有落石，遊客前往須多加注意。常見種類有雪螢，鋸角雪螢、神木螢、紅胸窗螢、北方鋸角螢、山窗螢等。

🚗 交通資訊

1. 自王田交流道下高速公路，沿1號省道至中莊，接14號省道經草屯，轉3號省道經南投、名間至竹山，再轉151縣道經鹿谷至杉林溪。
2. 由西螺交流道下高速公路，接1號省道至斗六，轉接3號省道經林內至竹山，右轉接151縣道經鹿谷可抵杉林溪森林遊樂區。

杉林溪森林遊樂區(049)2612211-3　　**遊樂園門票全票**200元

溪頭地區

觀賞種類	出現月份
黑翅螢	四月～五月
大端螢	四月～五月

溪頭森林遊樂區

　　溪頭森林遊樂區位於南投縣鹿谷鄉內湖村，占地2,488公頃，海拔高度介於600公尺至1,650公尺之間，年平均溫度攝氏16℃，為台灣大學農學院的實驗林，由台大實驗林經營管理；景點包括大學池、苗圃、紅樓、神木、青年活動中心、竹類標本園等。遊樂區內除鳳凰山的神木林道還保有部份原始林外，大都已開發為人工造林，林相整齊簡單。由於園區幅員遼闊，且氣候溫暖潮濕，有多處適合欣賞螢火蟲的地點。第一個賞螢地點位於汽車停車場，從大門進入後直走約300公尺至道路盡頭，左側即為汽車停車場，沿線與竹林交接處皆有螢火蟲活動，以近溪邊的大片草叢出現的黑翅螢最為壯觀，成蟲於四月開始出現可持續至五月底；另外，海拔1,200公尺的大學池，四、五月間也有不少的黑翅螢出現，成蟲通常出現在大學池四周的草叢間飛舞，沿環池步道即可觀賞；神木至鳳凰山觀景台之間為神木林道，全長5.5公里，起點位於神木右側，林道上方大部份為天然闊葉樹林，植物林相複雜，由於地形環境特殊，終年潮濕多霧，十分適合螢火蟲棲息成長，其中以十月至十一月間的鋸角雪螢、雪螢及神木螢最具觀賞價值。出現種類有黑翅螢、紋螢、山窗螢、雪螢、鋸角雪螢、神木螢、紅胸窗螢、雲南扁螢、北方鋸角螢、大場雌光螢、大端黑螢、小紅胸黑翅螢等。

●溪頭森林遊樂區舊大門

●飯店後方孟宗竹林有不少黑翅螢出現

🚗 交通資訊

1. 自王田交流道下高速公路，沿 1 號省道至中莊，接 14 號省道經草屯，轉 3 號省道經南投.名間至竹山，再轉 151 縣道經鹿谷至溪頭。
2. 由西螺交流道下高速公路，接 1 號省道至斗六，轉接 3 號省道經林內至竹山，右轉接 151 縣道經鹿谷可抵溪頭森林遊樂區。

溪頭森林遊樂區服務中心
(049)2612210
溪頭餐聽旅社訂房專線
(049)2612345
溪頭青年活動中心　(049)2612160
米堤大飯店　(049)2612088
遊樂區門票全票 100 元,半票 60 元
停車費大型車 100 元,小型車 50 元

溪頭米堤大飯店

位於遊樂區出口旁，附近大面積的孟宗竹林是主要的賞螢地點，此地與遊樂區停車場相當接近，出現的種類也十分類似，以黑翅螢為主要觀賞種類；本區路旁雖有多盞路燈，但由於竹林茂密旺盛，對螢火蟲影響不大，每年 4 月到 5 月為發生季節，數量堪稱豐富。

大眼林道　龍尾
水陣　石崗湖
晨峰山莊
太極峽谷

●四、五月發生期，道路兩旁螢火蟲隨處可見

新銘山度假山莊旁

觀 賞 種 類	出 現 月 份
黑翅螢	四月～五月
大端黑螢	四月～五月

　　新銘山度假山莊位於南投縣鹿谷鄉，溪頭森林遊樂區前方約1公里處，為一處私人經營的度假山莊。由山莊旁產業道路往下約行300公尺可至溪畔，沿途視野開闊，溪水清澈見底；溪谷左岸為天然亞熱帶闊葉林，林下則多為陰暗潮溼的植被，此區螢火蟲種類雖然不多但數量豐富，其中大端黑螢與黑翅螢是當地最常見到的螢火

上●由山莊開始就可以看見螢火蟲四處飛舞
下●新銘山度假山莊為一處私人經營的度假山莊

蟲；四、五月的發生期，道路兩旁隨處可見其蹤影，大發生時曾有數萬隻的盛況，是一處絕佳的賞螢地點。此地交通方便，但由於路旁標示並不明顯，開車至此須放慢速度，以免錯過。出現種類有黑翅螢、大端黑螢、端黑螢、山窗螢。

🚗 交通資訊

1. 自王田交流道下高速公路，沿1號省道至中莊，接14號省道經草屯，轉3號省道經南投、名間至竹山，再轉151縣道經鹿谷可抵新銘山度假山莊。

2. 由西螺交流道下高速公路，接1號省道至斗六，轉接3號省道經林內至竹山，右轉接151縣道經鹿谷可抵新銘山度假山莊。

信義鄉木瓜坑山區

觀賞種類	出現月份
黑翅螢	四月～五月
端黑螢	七月～八月

木瓜坑位於南投縣信義鄉愛國村山區，與風櫃斗同樣爲信義鄉重要的梅子產地，民風自然淳樸，每年元旦前後爲梅樹開花期，常吸引許多民眾前往賞花。由於梅樹屬於粗放種植的果樹，並不須噴灑農藥，也不需時常除草管理，因此林下蘊育出豐富的螢火蟲資源，其中以四、五月間出現的黑翅螢，最具觀賞價值。賞螢的遊客一般都由國小上方入山，沿著產業道路前行，一路上氣候陰涼潮溼，林下植被茂密；四月開始，黑翅螢穩定出現，林道兩旁及梅園中隨處可見，大發生時數量多到讓人驚訝；著名的木瓜坑瀑布隱身於幽暗密林中，號稱是全台最長的瀑布，瀑布分爲四層，長約 200 多公尺，水量豐富壯觀，但前往的遊客不多，至今仍保存相當原始的自然景觀。由木瓜坑瀑布開始，兩旁景觀由梅園換成孟宗竹林，出現種類以脈翅螢居多，雖然出現數量也不少，但卻遠遠不及黑翅螢。此外，端黑螢也是當地適合觀賞的種類，以山澗附近的桂竹叢出現數量最多，七、八月間經常可

●梅園附近經常可以發現螢火蟲而且數量很多

以見到成群的端黑螢在樹冠飛舞。記錄的種類有山窗螢、蓬萊短角窗螢、紅胸窗螢、黑翅螢、端黑螢、黃緣螢、黃脈翅螢、黃胸黑翅螢、梭德氏脈翅螢、紋螢、雲南扁螢、雙色垂鬚螢及橙螢等。

🚗 交通資訊

1. 自王田交流道下高速公路，沿1號省道過大度橋，左轉接14號省道抵芬園，右轉叉路接14丁省道至南投，再接3號省道至名間，直走接16線省道至集集，續走經水里接21號省道至信義，右轉經愛國橋至愛國，遇岔路依指標右轉可至木瓜坑。

2. 或由斗南交流道下高速公路，沿1號省道至斗六，接3號省道經林內至竹山，在山腳右轉接16甲省道至集集，續走進集集鎮市區，過集集火車站約200公尺右轉至水里，接21號省道至信義，再右轉經愛國橋至愛國，遇岔路依指標右轉至木瓜坑。

●木瓜坑地區為信義鄉重要的梅子產地

埔里地區

南山溪

觀賞種類	出現月份
黑翅螢	四月～五月
大端黑螢	四月～六月
黃胸黑翅螢	四月～五月

　　南山溪位於仁愛鄉南豐村山區，是中部地區著名的蝴蝶產地，隨著近年來生態保育觀念的提升，假日常吸引許多民眾前往郊遊、賞蝶。由於屬陰濕的溪谷地形，因此擁有豐富的溪澗生態資源，加上保存相當完整的自然環境，蘊育出種類繁多的螢火蟲，其中以鄰近南山瀑布的地段出現數量最多，也是最適合的賞螢地點。由停車處左側小徑步行下溪谷，前行約 200 公尺就可到達路程終點南山瀑布。當夜晚來臨時則有大量的螢火蟲穿梭於樹林中，是一處適合全家一同賞螢的好去處；每年四至五月是黑翅螢出現的季節，步道上到處飛舞發光的螢火蟲，讓人目眩神迷，也為夜晚的南山溪谷增加些許熱鬧氣氛。由於螢火蟲只能在潮溼低污染的環境裡生存，且對光線相當敏感，於是便成為環境變化的重要指標，所以只要有螢火蟲出現的地方，四周環境都不致於

●南山溪溪谷

太差。出現種類有黑翅螢、山窗螢、端黑螢、大端黑螢、黃胸黑翅螢、橙螢等。

本部溪

　　本部溪是埔里地區僅次於南山溪谷的著名賞蝶地點，沿途綠樹遮蔭，氣候清爽宜人，不斷從身旁急飛而過的蝴蝶，常讓人驚喜不已，是一條適合賞蝶、觀螢的路線。隨著季節的變換，螢火蟲出現的種類也跟著改變，一般來說，春夏季以黑翅螢、端黑螢為主要欣賞

種類，秋季則是山窗螢及橙螢的天下；依數量來說，則是黑翅螢最為盛大，廣泛見於林道兩側與附近的闊葉林中，數量頗多。從埔里出發經獅子頭後不久可抵本部溪，在橋前右轉沿著溪旁小路上山，一路上路況良好，路面雖尚無鋪設柏油，車輛行駛其間應無任何問題，但雨季道路泥濘溼滑，需注意自身安全。

　　埔里鎮周圍山區，如桃米坑溪鯉魚潭、乾溪谷與關刀山沿線均為春夏季良好賞螢據點。

交通資訊

　　由王田交流道下高速公路，走1號省道經大度橋後依指標走14號省道，過地下道左轉經芬園至草屯，往埔里方向續行經雙冬、柑子林至埔里，沿14號省道往霧社方向，經獅子頭至南山溪站，左轉可抵南豐村，沿著溪邊產業道路前行約二十分鐘左右即抵達南山溪。

麒麟里南坑溪谷

觀 賞 種 類	出 現 月 份
黑翅螢	四月～五月
大端黑螢	四月～六月
黃胸黑翅螢	四月～五月

　　南坑溪谷位於南投縣埔里鎮麒麟里，海拔高度約500公尺左右，也是盛產蝴蝶的地區；地形環境變化複雜，有高山深谷、溪澗、平原等地形。四周群山環繞，林木蒼翠，滿山的杉木林是此地一大特色，山路崎嶇陡峭，沿著溪谷蜿蜒環繞在山林間，一路所見皆是茂密的森林，溪谷兩側則是低矮的山巒，置身其中彷彿進入世外桃源，處處讓遊客體會濃濃的山林風情。

　　此地四月至五月有黃胸黑翅螢出現，成蟲體型大且飛行迅速，常沿著溪流上方盤旋飛翔，發光亮而明顯，幼蟲外觀與黃緣螢幼蟲十分類似，也會發光，常棲息在水流清澈山間溪流之中，以螺貝類為食，台灣中北部山區皆有分佈，但以北部較為常見。除了黃胸黑翅螢之外，此地的黑翅螢也是不可錯過的種類，成蟲通常在四月初開始出現，五月中旬達到最高潮；遊客在這段期間來到南坑溪，可以看見滿山遍野的螢火蟲，有興趣的民眾切勿錯過。其它出現種類有黑翅螢、山窗螢、梭德氏脈翅螢、端黑螢、大端黑螢、黃胸黑翅螢、雲南扁螢、橙螢等。

●南坑地區因為海拔適中，十分適合螢火蟲棲息

🚗 交通資訊

　　由王田交流道下高速公路，走1號省道經大度橋後依指標走14號省道，過地下道左轉經芬園至草屯，往埔里方向續行經雙多、柑子林至埔里，沿武界路南行可抵麒麟里。

卓社林道

觀 賞 種 類	出 現 月 份
鋸角雪螢	十月～十一月
黑翅螢	四月～五月

　　卓社林道位於南投縣埔里鎮南方山區，是武界通往埔里的聯外道路，視野極佳，可遠眺埔里鎮全區及周邊各個村落，沿途陡峭的山壁是此地的一大特色。漫步在林道中隨處可見懸崖峭壁，不同於其他低海拔山區地形景觀，因地處山區，日夜溫差頗大，前往須備妥保暖衣物。由埔里出發經頂東埔抵林道入口，先行一段柏油路，再往上走，一路都是顛簸的石子路，此段路程多

天有鋸角雪螢出現，十月至十一月是最好的賞螢季節，成蟲天黑後由林下及岩壁草叢中飛出，在林道上四處飛舞，數量頗多，屬於冬季型的種類，在攝氏 15 ～ 20℃時活動情形特別頻繁，約 1 個小時後結束。冬季不僅有螢火蟲，更是前往中高海拔賞螢的好時機，由於全線均為石子路面，車行其間難免顛簸，前往時須有心理準備。

🚗 交通資訊

　　由王田交流道下高速公路，走 1 號省道經大度橋後依指標走 14 號省道，過地下道左轉經芬園至草屯，往埔里方向續行經雙冬.柑子林至埔里，進埔里市區沿中正路往武界前行，經內底林至頂東埔，續行約 6 公里右轉即為卓社林道。

蓮華池

觀 賞 種 類	出 現 月 份
橙螢	十月
黃緣螢	四月～九月

　　蓮華池位於南投縣魚池鄉五城村，隸屬於台灣省林業試驗所蓮華池分所管轄，海拔高度介於 576 公尺至 955 公尺之間，年平均溫度攝氏 21 ℃，年平均雨量為 2,211 公厘；其中人工試驗林占地 214 公頃，栽植種類主要為香杉、台灣杉、台灣肖楠、柳杉等針葉樹及油茶、香椿等特用植物試驗林，其餘地區，均為亞熱帶天然闊葉樹林。和尚頭山至蓮華池之間有多條森林步道，區內各種闊葉林、蕨類、苔蘚等形

為出現高峰，幾乎全線都可以看見，不管是森林底層或林道兩旁，到處都是青綠色的小亮光，由於脈翅螢屬的螢火蟲，大部分體型小外觀十分類似，並不容易分辨，但可由持續性的發光現象和熠螢屬的閃爍光明顯區別。當地出現的種類有山窗螢、紅胸窗螢、黑翅螢、端黑螢、梭德氏脈翅螢、紋螢、雲南扁螢、雙色垂鬚螢、橙螢等。

●和尚頭至蓮華池之間有多條森林步道

成完整的植物生態系統，十分適合螢火蟲棲息繁衍；其中以火培坑溪旁的火培坑林道出現數量最多，最適合觀賞。本區十月中旬有橙螢的發生，雖然出現時間較短，但數量豐富，相當具有觀賞價值，成蟲常沿著溪谷空曠處飛翔盤旋，林道兩旁隨處可見。另外，蓮華池畔的三角崙步道，七、八月間則有黑翅螢、端黑螢出現，成蟲常成群出現在林緣樹冠高處，以蓮華池附近出現數量最多，適合觀賞。該地區蛇類出現頻繁，前往遊客宜多注意自身安全。出現種類有山窗螢、

●蓮華池螢火蟲種類和數量都非常豐富

紅胸窗螢、黑翅螢、端黑螢、黃綠螢、雲南扁螢、雙色垂鬚螢、橙螢。

🚗 交通資訊

1.由王田交流道下高速公路，走1號省道經大度橋後依指標走14號省道，過地下道左轉經芬園至草屯，往埔里方向續行經雙多、柑子林至愛蘭橋,右轉接21線省道至新城，再右轉接131縣道往水里方向續行，至五城依指標右轉約4公里可抵蓮華池。

  2.自斗南交流道下高速公路，沿1號省道經斗南至斗六，接3號省道經林內至竹山，在山腳站右轉接16甲省道至集集，續走進集集鎮市區，過集集火車站約200公尺右轉至水里，接131縣道經車埕至五城，依指標左轉約4公里可抵蓮華池。

地址：南投縣魚池鄉五城村華龍巷43號　電話　(049)2895535

惠蓀林場

觀賞種類	出現月份
大端黑螢	四月～六月
山窗螢	十月～十一月

　　惠蓀林場位於南投縣仁愛鄉新生村，又稱爲能高林場，爲紀念中興大學校長湯惠蓀因視察林場育林工作不幸殉職而命名。林場爲中興大學所屬四大實驗林場之一，占地十分廣闊，區內高山盤踞，旅遊景點眾多，一年四季皆適合前往遊玩。境內大部份爲原始森林，隨高度呈現熱帶、亞熱帶、溫帶三種不同的植物景觀，兼具了教育與觀賞的功能。森林步道清靜幽深，植物景觀與種類豐富是惠蓀林場最具吸引力的地方；由服務中心左側步道前行，長達2公里的登山步道，沿途可欣賞松林的美麗景色，並可俯瞰北港溪風光，同時也是觀賞螢火蟲的好地方。此區十月至十一月有山窗螢出現，成蟲飛行迅速，發光亮而明顯，但族群數量不多。另外，由林場公路往平台區的指示方向前行，可深入北港溪上游平台區，回程再走關刀溪水泥橋，全程約10公里；沿線遊人罕至，風景原始，屬暖溫帶山地原始闊葉樹林，林下陰涼潮濕，植物相當複雜，棲息的野生動物種類亦多。大端黑螢及紅胸黑翅螢是本區常見的種類，成蟲常出現於近溪邊處，出現數量頗爲壯觀，沿途可充分享受登山健行及賞螢的樂趣。當地出現種類有黑翅螢、橙螢、蓬萊短角窗螢、擬紋螢、紋螢、山窗螢、紅胸窗螢、雲南扁螢、紅胸黑翅螢等。

交通資訊

由王田交流道下高速公路，沿1號省道經大度橋後依指標走14號省道，過地下道左轉經芬園至草屯，往埔里方向續行經雙多至柑子林，左轉接133縣道至國姓鄉葉厝，續走21號省道東行，至下梅子林接80號鄉道可抵。

林場內設國民旅社　(049)2941041-2
全票 150 元　　團體票 120 元
車輛通行費 大型車 100 元，小型車 50 元

鹿谷鳳凰谷山區

觀 賞 種 類	出 現 月 份
黑翅螢	四月～五月
大端黑螢	四月～五月

　　鳳凰谷風景區位於南投縣鹿谷鄉，海拔高度介於300至700公尺之間，有凍頂山、鳳凰谷鳥園、鳳凰瀑布、麒麟潭等景點，沿途風光明媚、景色優美，是熱門的郊遊踏青路線。二突仔坐落於凍頂山與鳳凰谷間，麒麟潭風景區下方，由鹿谷廣興村往鳳凰谷鳥園方向前行，一路上溪谷環繞、林木茂盛；由於擁有特殊地理環境氣候，因此蘊育出極其豐富的動植物生態，同時又因環境隱密，無人為干擾，提供了螢火蟲生存所需的空間。就因有這些良好的條件，此處在四、五月黑翅螢發生期間，出現的螢火蟲數量相當驚人，成千上萬的螢火蟲在林間飛舞，吸引不少民眾前往觀賞。

　　鳳凰瀑布位於鳳凰谷鳥園的最深處，為一處相當自然原始的溪流環境，瀑布附近長滿各種台灣特有原生植物，可提供戶外教學解說之用。溪流兩岸潮濕樹林下，在4月至5月黑翅螢的發生期，步道兩旁到處是螢火蟲四處飛舞，大發生時估計數量超過數萬隻，是一處適合觀賞螢火蟲的地方，也是野外生態觀察理想地點。由於交通便利安全性高，附近又有多處觀光景點，假日時常吸引絡繹不絕的遊客前往參觀，是南投地區相當適合觀賞螢火蟲的地方。

　　出現種類有黑翅螢、紋螢、山窗螢、雪螢、端黑螢、紅胸黑翅螢、紅胸窗螢、雲南扁螢、北方鋸角螢、赤腹櫛角螢、大端黑螢、小紅胸黑翅螢等。

🚗 交通資訊

1. 自王田交流道下高速公路，沿1號省道至中莊，接14號省道經草屯，轉3號省道經南投、名間至竹山，再轉151縣道至鹿谷，進市區，過加油站後依指標左轉可抵鳳凰谷風景區。

2. 由西螺交流道下高速公路，接1號省道至斗六，轉3號省道經林內至竹山，右轉接151縣道至鹿谷，進市區，過加油站後依指標左轉可抵鳳凰谷風景區。

奧萬大森林遊樂區

觀賞種類	出現月份
山窗螢	十月

奧萬大森林遊樂區位於南投縣仁愛鄉萬大村,萬大南溪與萬大北溪的交匯處,是台灣最著名的賞楓地點。此地屬河谷地形,聯外道路沿著溪谷蜿蜒環繞在山林間,山路崎嶇陡峭,一邊為起伏連亙山巒,一邊為縱谷溪豁,滿佈各樣植物,景緻優美草木繁茂,置身其中有如進入世外桃源。四季分明的景觀變化是奧萬大最大的特色,賞楓的路徑從台電員工宿舍左側小徑上行,至北溪吊橋,過橋後沿左邊小徑走即可看見一大片楓樹林;入冬之後,整片楓林轉紅,每逢假日,便吸引眾多賞楓人潮。森林遊樂區內除了森林浴與賞楓外,亦適合從事賞螢活動;十月是山窗螢的出現季節,道路沿線均可發現,但以舊收費站至新站之間數量較多,較適合觀賞。

交通資訊

由王田交流道下高速公路,沿14號省道經埔里至霧社,在售票口前右轉轉71線鄉道至萬大,遇岔路左轉可抵奧萬大。

奧萬大森林遊樂區 (049)2974511
服務電話 (049)2987330

全票假日 150元 非假日 100元
半票75元
大型車100元,小型車50元

●奧萬大森林遊樂區景致優美

新中橫沿線

觀峰至塔塔加沿線

觀 賞 種 類	出 現 月 份
黑翅螢	五月～六月
雪螢	十月～十一月
鋸角雪螢	十月～十一月

新中橫公路東起南投水里經信義、塔塔加、阿里山、石卓至嘉義，全長約170公里，其中水里至玉山段全長74公里，有多處賞螢地點。

神木村位於同富村西南方，海拔約780公尺左右，境內大多是山地，氣候陰涼潮溼；聯外道路沿線竹林與天然林交雜，植被披覆完整，四月至六月是黑翅螢出現的季節，路旁草叢隨處可見。由於受到媒體報導地震及土石流的影響，前往的遊客明顯減少，但實際上沿線道路並無受損，螢火蟲仍然照常出現，依然是一處不錯的賞螢地點。

觀峰位於新中橫公路126k處，海拔1,460公尺，視野良好，可遠眺玉山群峰，是一處登山及賞螢的好去處。每年春夏之際是黑翅螢出現的季節，停車場對面山壁即有龐大數量出現，無須下車，待在車上即可觀賞滿山遍野的螢火蟲；由於受山地氣候影響，成蟲出現時間較低海拔地區晚一個月，六月中旬仍有大數量出現，賞螢民眾請勿錯過。11月是雪螢及鋸角雪螢發生的時期，出現數量雖不像黑翅螢那麼多，但仍具有相當的觀賞價值，此時當地氣候已經轉冷，前往民眾需備妥禦寒衣物。

塔塔加位於楠梓仙溪、沙里仙溪及神木溪之上游地區，是玉山國家公園西北部的入口，也是攀玉山群峰必經之地，海拔高

●海拔 1,300mm 的觀峰停車場仍有黑翅螢出現

●觀峰位於新中橫公路 126K,海拔 1,460 公尺

●東埔位於南投縣信義鄉境內,以溫泉著稱

度達 2,600 公尺。神木螢是此區主要觀賞種類,每年 11 月至 12 月間成蟲穩定出現,可以在林道上輕易看見它們的蹤跡。此區出現種類有大場雌光螢、黑翅螢、雲南扁螢、梭德氏脈翅螢、雪螢、鋸角雪螢、神木螢等。

🚗 交通資訊

1.由王田交流道下高速公路,沿 1 號省道過大度橋,左轉接 14 號省道抵芬園,右轉叉路接 14 丁省道至南投,再接 3 號省道至名間,沿綠色隧道過平交道左轉至集集,續走可抵新中橫公路的起點水里。

2.或由斗南交流道下高速公路,沿 1 號省道至斗六,接 3 號省道經林內至竹山,在山腳右轉接 16 甲省道至集集,續走可抵新中橫公路的起點水里。

3. 自嘉義交流道下高速公路,沿 159 縣道至嘉義市區,循民族路、吳鳳南路接 18 號省道,經十字路、觸口、石卓、阿里山森林遊樂區可抵塔塔加。

塔塔加遊客中心
(049)2702200
塔加遊客中心餐飲部 (049)2702288
東埔山莊 (049)2701090

東埔乙女瀑布

觀 賞 種 類	出 現 月 份
黑翅螢	四月～六月
鋸角雪螢	十月～十一月

　　東埔位於南投縣信義鄉境內，以溫泉著稱，海拔高度介於1,000至2,800公尺之間，沿途有彩虹瀑布、雲龍瀑布、乙女瀑布、父子斷崖等多處景點。此區螢火蟲相極為豐富，歷年來均為觀賞螢火蟲熱門的地點。由沙里仙往八通關大草原上行，在沙里仙林道兩側，四月至五月有黑翅螢大發生；此區因開墾之影響，大部分環境為梅園及檳榔園，但因林下植被蔽陰良好，亦十分適合螢火蟲棲息。另外在乙女瀑布附近，十月中旬至十二月間有雪螢及鋸角雪螢發生，當地屬於雲霧盛行帶，常年雲霧迷漫，植被豐富潮濕，為一處適合螢

東埔地區有多處賞螢地點。

西螺地區

觀賞種類	出現月份
台灣窗螢	三月～九月

　　新豐里棲地位於西螺鎮新果菜市場南邊100公尺處，交通方便；該處為一塊休耕農地，面積不大，占地約0.38公頃，三面水田環繞，一側緊鄰檳榔園，植被豐富環境潮濕十分適合螢火蟲棲息。出現種類為台灣窗螢，其幼蟲以扁蝸和球蝸為食；成蟲常在草叢上四處飛舞，發青綠色持續光，明亮可見。由於在食物充足，又沒有天敵的情形下，於民國87年6月爆發台灣窗螢大發生現象，估算有2,000隻以上的雄蟲出現，但盛況維持不久，至7月下旬只剩零星的雄蟲出現，由於該處棲地現已遭破壞，自87年以後就不再有大發生情形出現，殊為可惜，但仍可作為今後對螢火蟲保育的參考。

　　頂湳里棲地位於住宅旁的休耕農地。民國89年附近居民於當地發現一處台灣窗螢的棲息地，與新豐里的地點環境類似，且更加靠進住宅區，估計幼蟲有數千隻之多。由於當地清潔隊及

●賞螢處位於西螺新果菜市場旁

民眾的極力保護，七月間成蟲開始大量出現，每晚有四、五百隻以上雄蟲出現，如繁星般閃爍飛舞，是西螺鎮觀賞及認識螢火蟲的最佳地區，數量持續到八月中旬才漸漸減少。由於新聞媒體的宣傳報導，每日前往觀賞民眾在百人以上，成為觀賞螢火蟲熱門的地點。有鑒於新豐里的經驗，為了保存一處適宜螢火蟲生存的環境，清潔隊在棲地四周圍上圍籬，防止賞螢人潮進入破壞，並委由該里守望相助巡守隊 24 小時巡邏保護棲地。此外，招募訓練有興趣的民眾擔任解說員，讓參觀民眾能實際了解螢火蟲的生態及發光行為，以期能讓螢火蟲在西螺地區繼續生存繁衍，該處棲地能永續保存下去。

●頂湳里居民對於保護螢火蟲相當熱心

交通資訊

　　由中山高速公路西螺交流道下高速公路，沿 1 號省道北行，至新西螺大橋前左轉 154 縣道至西螺鎮市區，續走可抵頂湳里。

石壁風景區

觀賞種類	出現月份
黑翅螢	四月～五月
山窗螢	十月～十一月

　　石壁風景區位於雲林縣古坑鄉草嶺村，草嶺風景區的東北方，海拔高度介於 1,200 公尺至 1,500 公尺之間，是溪頭到草嶺的中繼站。風景區內景點眾多，包括有九芎神木、蓮心池、蓬萊桃源、捲龍潭、石壁仙谷、魂斷嶺、幽龍湖等著名風景點。沿石壁飯店左前方的山坡小徑前行可抵幽龍湖，過岔路後，路況明顯好走；兩邊是人工種植的竹林，林下陰暗潮溼，螢火蟲資源甚為豐富，隨處可見各種形態各異的螢火蟲。此處螢火蟲種類除了數量可觀的黑翅螢外，山窗螢更是不可錯過的種類；成蟲於十月份出現，發青綠色持續光，每天太陽下山後，林道上螢火蟲漫佈飛舞，好不熱鬧；雄蟲體型較大，前翅邊緣無明顯黃邊，可與台灣窗螢明顯區隔。另外，沿飯店左側產業道路前行，經竹林、竹橋、杉林可抵九芎神木，神木樹齡高達三千年，粗狀的樹幹長滿了瘤狀物，奇特的景象令人印象深刻。由神木右側小徑進入，越過竹橋後直行，來到第三個岔道，依指標左轉可達境內最高峰

●石壁風景區地形崎嶇複雜，多為山嶽地帶

嘉南雲峰。嘉南雲峰海拔 1,751 公尺，地處嘉義、南投、雲林三縣的交界，山勢挺拔山容逸秀，氣魄雄偉、視野遼闊，可遠眺玉山及中央山脈風光景色，沿途也有不少山窗螢活動，幾乎全年皆有幼蟲出現，是一處登山健行賞螢的好去處。出現種類有黑翅螢、橙螢、大端黑螢、端黑螢、山窗螢、紅胸窗螢、小紅胸黑翅螢、紋螢、雲南扁螢、雙色垂鬚螢等。

交通資訊

　　由西螺交流道下高速公路，沿 1 號省道前行，經莿桐左轉 1 丁省道至斗六，接 149 縣道經荷苞、內寮，右轉接草嶺公路至內湖，左轉續走可抵石壁森林遊樂區。

東碧山莊(055)831021
石壁賓館(055)831238

草嶺風景區

觀賞種類	出現月份
黑翅螢	四月～五月
端黑螢	五月～七月

　　草嶺位於雲林縣古坑鄉草嶺村，海拔高度介於 450 公尺至 1,700 公尺之間，地處阿里山、溪頭與瑞里等風景區的中途站。內湖溪和清水溪隨地勢起伏曲折而洄流，造就許多獨具特色的天然景觀，知名的草嶺十景，包括同心瀑布、連珠池，蓬萊瀑布、峭壁雄風、斷崖春秋、清溪小天地、水濂洞、斷魂谷、青蛙石、奇妙洞等景點，其中以斷崖春秋、蓬萊瀑布、峭壁雄風之景最為雄偉而壯觀。境內步道蜿蜒曲折，山路崎嶇陡峭，一邊為起伏

大埔坪林山區

觀賞種類	出現月份
黑翅螢	三月～五月
大端黑螢	四月～五月

●溪谷兩側皆是茂密的原始森林

坪林位於嘉義縣大埔鄉東南方，曾文水庫和南化水庫之間的山區，海拔高度 600 公尺左右，四周高山環繞，長枝坑溪縱流其間，觀光資源十分豐富。景點包括月桃瀑布、奉龍谷瀑布及蝙蝠洞等；從大茅埔右轉 179 縣道前行，過坪林隧道後右側即是月桃瀑布及蝙蝠洞入口，景致十分清新秀麗。

隧道口旁的紅色鐵橋是觀賞螢火蟲的熱門的地點，經常可見雲南扁螢幼蟲在地面上爬行，發光亮而明顯；幼蟲攻擊性強，食性複雜，有時也會捕食其它種類的螢火蟲幼蟲，曾經發現 6 隻幼蟲共同取食蚯蚓的現象。雌蟲在 11 月至 12 月出現，外觀呈乳白色，數量和幼蟲相較明顯減少，並不容易發現。觀察發現雌蟲有護卵的行為，景象甚為奇特。

隧道口至坪林村之間，森林隱密林相豐富，植被豐富潮濕適合螢火蟲棲息。沿產業道路而行，路旁有多條林道，路況良好十分適合賞螢活動，三月底至四月初是黑翅螢出現的高峰期，數量有數萬隻之多，是最適合觀賞的種類。偶爾水溝旁的青苔，也會出現一些櫛角螢幼蟲，活動力弱，數量雖然不多但十分常見。由於此地屬封閉溪谷地形冬季常有濃霧發生，夜間前往需注意自身安全。

此地出現的種類有黑翅螢、大端黑螢、端黑螢、紅胸黑翅螢、小紅胸黑翅螢、雲南扁螢、山窗螢、橙螢、蓬萊短角窗螢、雙色垂鬚螢、紋螢、梭德氏脈翅螢等。

●紅色鐵橋附近是觀賞螢火蟲的熱門地點

●聯外道路緊鄰長枝坑溪

交通資訊

1.由嘉義交流道下高速公路，沿159縣道至嘉義市區，循民族路、吳鳳南路接18號省道，經十字路轉3號省道續行至大埔，再直走至大茅埔後，左轉179縣道至坪林。

2.由新營交流道下高速公路，沿172縣道至新營市區，接1號省道至龜港，左轉174縣道經六甲至楠西，再左轉循3號省道往大埔方向行至大茅埔，右轉179縣道至坪林。

加油站
情人公園
歐都納山野渡假村
大埔
湖濱公園
泰山
奉龍谷瀑布
大茅埔
霖雲山莊
坪林隧道
嘉義農場
蝙蝠洞
跳跳農場
頂坪林
龍王瀑布
179
木瓜坑
出火坑
曾文水庫
3

阿里山森林遊樂區

觀 賞 種 類	出 現 月 份
神木螢	十月～十二月
鋸角雪螢	十月～十一月

阿里山森林遊樂區位於嘉義東方山區，新中橫公路的南端。年平均氣溫攝氏 10.6℃，面積 1,400 公頃，海拔高度介於 2,000 至 2,200 公尺之間，以神木、日出、雲海聞名於世。遊樂區內著名的阿里山森林鐵路於民國元年通車，為世界三大高山鐵路之一。

本遊樂區屬高山地形，沿線大多山地，四周群山環抱，自然景觀相當豐富，當地屬雲霧盛行帶。螢火蟲種類不多，但數量卻不比其它低海拔地點少，冬季是觀賞中高海拔螢火蟲的季節，隨著寒流來襲，螢火蟲也跟著出現，一道道青綠色螢光穿梭在原始森林之中。十月底賞螢季節正式進入了最高潮，其中以沼平公園及植物園附近出現數量較多，樹林間到處都是飛舞的螢火蟲。一般而言，短角窗螢類成蟲出現的時間都很短，大約一個小時左右，有些種類(例如雪螢)，甚至不到半小時就結束了，如想觀賞它們漫天飛舞的奇特景觀，需於太陽下山前抵達現場，才不會錯過螢火蟲出現的時間。

🚗 交通資訊

由中山高嘉義交流道下高速公路，沿 159 縣道至嘉義市區，沿民族路、吳鳳南路接 18 號省道，經十字路、觸口、石卓可抵阿里山森林遊樂。

阿里山森林遊樂區電話 (05)2679917
阿里山賓館 (05)2679811-4
阿里山閣國民旅社 (05)2679611-4
阿里山青年活動中心 (05)2679874
青山別館 (05)2679733
成功別館 (05)2679735
高峰大飯店 (05)2679893
全票 120 元，半票 60 元
大型車 100，小型車 50，機車 20

豐山風景區

觀 賞 種 類	出 現 月 份
黑翅螢	四月～五月
紅胸黑翅螢	四月～五月

豐山風景區位於阿里山鄉豐山村，海拔高度約750至1,000公尺左右，四周高山峻嶺環繞，沿線瀑布眾多、景色優美，因屬中海拔山區，氣候涼溼，終年常為雲霧所籠罩。由於

●豐山地區氣候濕涼，林下植物茂密

當地位處深山，交通不便，又因是山地管制區，至今尚能維持豐富原始的生態景觀。從乾坑溪往上行可抵石盤谷瀑布群，沿途河床佈滿貝殼化石，為一處知名的貝類化石區，溪中大小岩石遍佈，處處激流，為相當具有特色之溪流景觀。溪谷兩側林蔭遮天，林下植被茂密，有相當多的螢火蟲聚集，步行其間，觸目所及皆是各種亮麗引人矚目的螢火蟲；其中亦不乏若干稀有種類，是一處相當適合觀賞螢火蟲的好地方。當地出現種類有黑翅螢、蓬萊短角窗螢、擬紋螢、紋螢、小紅胸黑翅螢、山窗螢、紅胸窗螢、雲南扁螢、北方鋸角螢等。

🚗 交通資訊

由中山高大林交流道下高速公路，沿162縣道轉3號省道至梅山，接169縣道經太和可抵豐山風景區。

奮起湖山區沿線

石卓自然生態保育區

觀賞種類	出現月份
山窗螢	十月～十一月
鋸角雪螢	十月～十一月

石卓自然生態保育區位於竹崎鄉中和村，為國內第一座民間成立的自然生態保育區，海拔高度 1,500 公尺左右，屬中海拔山岳地區，林相大部份為天然林、人工杉林與竹林交雜，景觀天然原始，氣候清爽宜人；園區步道規劃頗為完善，沿途動植物生態豐富。沿森林步道往上行，穿過幽靜的孟宗竹林，來到天然的原始森林，林下植被相當豐富，步道兩旁常可見紅胸窗螢幼蟲在草叢中攀爬。十月初鋸角雪螢開始出現，森林底層及步道兩旁，都可發現螢火蟲飛舞且數量很多，唯此段路程多以枕木鋪設，路徑溼滑，行走時須特別小心。此外，竹林附近五月中旬也有不少紅胸窗螢出現；成蟲常於清晨活動，為日行性種類，雌雄均不會發光。其它常見種類黑翅螢、擬紋螢、紋螢、山窗螢、紅胸窗螢、雲南扁螢、北方鋸角螢等。

●石卓自然生態保育區地標相當有特色

●石卓自然生態保育區步道規劃頗為完善

🚗 **交通資訊**

由中山高嘉義交流道下高速公路，沿 159 縣道往市區，經民族路、吳鳳南路接 18 號省道至石卓，左轉 169 縣道可抵石卓自然生態保育區。

奮起湖風景區

觀賞種類	出現月份
雪螢	十月～十一月
鋸角雪螢	十月～十一月

奮起湖風景區位於嘉義縣竹崎鄉中和村，八掌溪的上游，海拔高度介於 1,400 至 1,700 公尺之間，因三面環山，中間低平，形狀頗似畚箕，故舊稱畚箕湖。境內有多條森林步道，因景觀原始，蘊育出豐富完整的自然生態景觀。巨木林道入口處的神社遺址附近竹林，林相茂密，又因緊鄰道路旁，交通方便，是一處觀賞螢火蟲的好地方。沿林道上行，四周均為天然闊葉樹林，係以樟科、殼斗科二者為主所組成，屬於中海拔山地闊葉樹林，植物相當複雜。

在十月至十一間有鋸角雪螢發生，大發生時可看見螢火蟲滿天飛舞的景象。當地出現種類有黑翅螢、脈翅螢、鋸角雪螢、山窗螢、紅胸窗螢、雪螢、北方鋸角螢等。

●阿里山鐵路蜿蜒環繞在山林之間

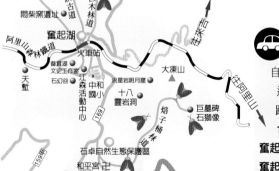

交通資訊

自嘉義交流道下高速公路，循159縣道往嘉義市區，經民族路、吳鳳南路接18號省道經觸口至石卓，左轉169縣道抵奮起湖。

奮起湖大飯店(05)2561034
奮起湖客棧(05)2561789

●籠頭農場交通及住宿都非常方便

也是不可多得的種類，成蟲緊跟著黑翅螢之後出現，數量也不少，但由於光點小，最好選擇雲量多或非月圓時前往觀賞，會有較滿意的結果。當地出現種類有黑翅螢、端黑螢、擬紋螢、紋螢、小紅胸黑翅螢、山窗螢、紅胸窗螢、雲南扁螢、北方鋸角螢等。

籠頭農場

觀 賞 種 類	出 現 月 份
黑翅螢	四月～五月
端黑螢	五月～六月

　　籠頭農場位於番路鄉公田村山區，面積廣達 120 公頃，海拔高度介於 1,250 至 1,400 公尺之間，視野遼闊，可欣賞嘉義地區的風光景色。因開墾的影響，大部分林相為竹林與原始闊葉林混雜，除部份地區屬天然林外，其餘均為人為環境。此處螢火蟲的種類和數量上甚為可觀；從農場停車場出發，沿竹林小徑而行，林下陰暗潮濕，是最佳賞螢路線。四月初螢火蟲開始出現，沿路盡是黑翅螢在林道上飛舞，數量頗為穩定，一般在四月中旬進入出現高峰，之後數量便急速減少，而於五月底結束。除了看得到黑翅螢外，此地的脈翅螢類

🚗 交通資訊

　　由中山高嘉義交流道下高速公路，沿159縣道至嘉義市區，循民族路、吳鳳南路接18號省道，經十字路、觸口、龍美可抵籠頭農場。

籠頭農場　(05)2586190-1

●曾文水庫螢火蟲數量頗為可觀

曾文水庫周邊山區

曾文水庫

觀 賞 種 類	出 現 月 份
黑翅螢	三月～五月
台灣窗螢	四月～九月
山窗螢	十月

●曾文水庫為東南亞第一大水庫

　　曾文水庫橫跨嘉義縣和台南縣之間，為東南亞第一大水庫，歷時六年完工，水庫壩高133公尺，集水區面積達480平方公里，兼具防洪、灌溉、發電、工業及民生用水等功能，大壩出水口至飛雲瀑布之間是主要的賞螢路線。林道沿著小溪上行，溪谷兩岸為天然闊葉森林，

林木茂密，林下陰暗潮溼，行走期間，不僅可觀賞四周山谷景色，晚間更有許多稀奇的螢火蟲在此活動。每年三月底螢火蟲開始出現，種類繁多數量豐富，其中以黑翅螢最具觀賞價值。入夜後山徑兩旁全是螢火蟲飛舞的身影，尤其是在靠近溪旁竹林下特別容易看見，若是大發生期間至

●嘉義農場入口

此，數量更是驚人，近年來已成為觀賞螢火蟲的熱門路線。曾文水庫開放時間為上午七點卅分至下午五點，其餘時間皆有門禁管制，須注意行程時間安排，以免錯過進入水庫的時間。此外，雖然水庫大部分面積位在嘉義縣大埔鄉，但大門入口及管理局均在台南縣楠西鄉境內，且交通方便，一般均由此進出，全程約50公里。當地出現的種類有黑翅螢、大端黑螢、端黑螢、紅胸黑翅螢、台灣窗螢、小紅胸黑翅螢、雲南扁螢、山窗螢、橙螢、蓬萊短角窗螢、雙色垂鬚螢、紋螢、梭德氏脈翅螢等。

🚗 交通資訊

由中山高新營交流道下高速公路，沿172縣道至新營市區，接1號省道至鹽港，左轉174縣道經六甲至照興，在圓環左轉即可抵曾文水庫。

曾文青年活動中心　(06)5753431-5
龍之嶺度假村　　　(06)5753111-5
東口度假中心　　　(06)5753436

歐都納山野渡假村

觀 賞 種 類	出 現 月 份
邊褐端黑螢	四月～九月
台灣窗螢	四月～九月

　　歐都納山野渡假村位於嘉義縣大埔鄉曾文水庫湖畔，湖濱公園及情人公園之間，環境清靜幽雅，除可欣賞水庫的山光水色外，還可享受清新的田野風情。鄰近湖濱公園露營場的水澤區是螢火蟲的生育地，春夏間常可看見上百隻的螢火蟲在草叢間漫天飛舞，相當引人注目。出現種類為邊褐端黑螢及台灣窗螢兩種，是低海拔草原型的代表種類；成蟲發生期長達半年，是少數幾種發生期長，亮度高的螢火蟲。此地由於鄰近於風景區且交通方便，近年來已成為休閒度假及賞螢的最佳去處。

■●歐都納山莊占地遼闊，是度假及休憩絕佳地點
■●湖濱公園旁水澤區可以發現相當多的螢火蟲

🚗 交通資訊

1. 由嘉義交流道下高速公路，沿159縣道至嘉義市區，循民族路、吳鳳南路接18號省道，經十字路，轉3號省道續行可抵歐都納山野渡假村。

2. 由新營交流道下高速公路，沿172縣道至新營市區，接1號省道至龜港，左轉174縣道經六甲至楠西，再左轉沿3號省道至大埔，左轉續行可抵歐都納山野渡假村。

地址：嘉義縣大埔鄉大埔村202號

歐都那山莊　(05)2521717

跳跳休閒農場

觀賞種類	出現月份
端黑螢	七月～八月
山窗螢	十月～十一月

　　跳跳休閒農場位於嘉義縣大埔鄉，嘉義農場的上方山坡上，面積約24公頃左右，海拔高度介於400至500公尺之間。沿著小木屋後方小路往上走，過直昇機維修場後可抵竹林區，一路上植被豐富潮濕，山窗螢幼蟲出現頗多，是農場中最常見的螢火蟲種類。

　　山窗螢族群廣泛分布於全台灣中低海拔山區，喜好棲息於遮蔽良好的森林底層，每年10月成蟲陸續發生，樹林間到處飛舞著螢火蟲的身影；雄蟲發光大且亮，是台灣產螢火蟲中體型最大的。此外，在竹林附近7、8月有相當多的端黑螢出現，雄蟲常成群出現在竹林高處飛翔，不斷發光閃爍，與夜空中的星星相互輝映。出現種類有黑翅螢、大端黑螢、端黑螢、紅胸黑翅螢、台灣窗螢、山窗螢、橙螢、紋螢、梭德氏脈翅螢等。

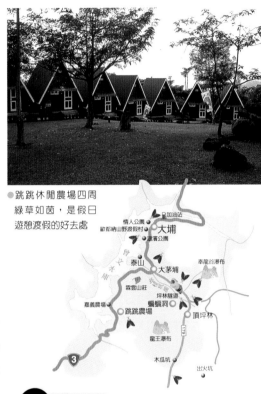

●跳跳休閒農場四周綠草如茵，是假日遊憩渡假的好去處

🚗 交通資訊

　　1.由嘉義交流道下高速公路，沿159縣道至嘉義市區，循民族路、吳鳳南路接18號省道，經十字路，轉3號省道續行至嘉義農場附近岔路左轉可抵跳跳休閒農場。

　　2.由新營交流道下高速公路，沿172縣道至新營市區，接1號省道至龜港，左轉174縣道經六甲至楠西，再左轉沿3號省道至嘉義農場，依指標右轉續行可抵跳跳休閒農場。

跳跳休閒農場　(05)2521529
　　　　　　　　(05)2522005

瑞里風景區

觀 賞 種 類	出 現 月 份
黑翅螢	四月～五月
黃緣螢	三月～八月

●瑞太古道是著名的登山健行路線

瑞里風景區位於嘉義縣梅山鄉瑞里村，海拔高度1,200公尺左右，因具有多變的地形景觀，及大面積的天然原始森林，蘊育出極豐富的螢火蟲資源，為重要的賞螢地之一。每年三月至十月為螢火蟲的發生期，樹林下到處都是飛舞的螢火蟲，是賞螢的最佳時期。根據歷年來的觀察，有超過20種以上的螢火蟲在此出現。

陰暗鬱密的竹林隧道是新興的健行賞螢路線；由青葉山莊旁進入，沿途竹林密佈，全線步道平坦寬敞，竹林下的潮濕表層是螢火蟲的生育地，幼蟲常成群出現在林道兩旁，密度之高是其它地點所罕見；潮溼多雨的氣候為螢火蟲提供良好棲息環境，更蘊育出數量繁多的螢火蟲景觀，是賞螢遊客喜歡造訪的地點。

出現的種類有黑翅螢、大端黑螢、端黑螢、紅胸黑翅螢、小紅胸黑翅螢、雲南扁螢、山窗螢、橙螢、蓬萊短角窗螢、雙色垂鬚螢、紋螢、梭德氏脈翅螢等。

●若蘭山莊主人致力於螢火蟲的保育工作

若蘭山莊位於嘉義縣瑞里鄉，為一處兼具休閒度假與生態教育的休閒農莊，占地約3,000坪，由於位處中海拔山區，氣候溫和，自然景觀及森林資源豐富。

農場主人秉持著生態保育的觀念，致力於螢火蟲的保育，並在山莊內進行黃緣螢的復育工作。

每年3至9月為最佳賞螢季節，成千上萬的螢火蟲在樹林間飛舞，其中以黑翅螢出現數量最多，是當地觀賞螢火蟲的主要種類。此外7、8月間也有不少端黑螢出現，為一處極富盛名的賞螢勝地。

🚗 **交通資訊**

由中山高嘉義交流道下高速公路，沿159縣道經嘉義市至鹿滿，接3號省道至竹崎，轉瑞水公路經水道、東湖仔、交力坪至瑞里。

若蘭山莊：梅山鄉瑞里村10-1號 (05)2501031-3
梅山社區發展協會 陳榮張

寒心瀑布
碧湖山莊
162甲
生毛樹
海鼠山
瑞峰風景區 瑞峰
中正大瀑布
生毛樹瀑布
溪頭
生毛樹溪
雙溪大瀑布 派出所 瑞里
農會
瑞里國小
若蘭山莊
162甲
梅花山莊
燕子崖 夫妻樹 瑞太古道 雲戴山
交力坪 雲潭瀑布
圓潭龍休息站
交力坪站
猴群瀑布

台南地區

走馬瀨農場

觀賞種類	出現月份
台灣窗螢	四月～九月
黃緣螢	四月～九月

●農場內設置螢火蟲復育區

走馬瀨農場位於玉井鄉與大內鄉交界處,遊憩區面積廣達120公頃,烏山嶺四面環繞,曾文溪切割山谷,形成一處特殊的地形景觀,為台南縣農會規劃經營的綜合性休閒農場。農場全年開放,場區內規劃為產業區、景觀區和休閒遊憩區,共有30餘項遊樂休閒設施,觀光資源豐富;常年氣候溫和,年平均溫度攝氏24℃。農場於民國84年在園區內設置螢火蟲復育區,由台南縣政府森林及自然保育課,進行水生黃緣螢幼蟲的復育工作。復育區面積不大,屬於溝渠型棲息環境,四周遮蔽良好,水生植物豐富,每年三到九月間常可看見台灣窗螢在草地上,發黃綠色光,相當適合觀賞。

🚗 交通資訊

1. 由麻豆交流道下高速公路,沿172縣道經麻豆接3號省道,在官田段右接84號省道(東西向快速道路),經隧道後右轉可抵走馬瀨農場。

2. 由南二高台南支線新化段下高速公路,接20號省道(玉南公路)至玉井,在警察局前方左轉84號省道(東西向快速道路),續行依指標左轉可抵走馬瀨農場。

走馬瀨農場:台南縣大內鄉二溪村嘓哩瓦61號　(06)5760121-3,5760280-4

全票250元,半票200元

烏山頭水庫山區

觀賞種類	出現月份
大端黑螢	四月～六月
台灣窗螢	四月～十月

　　烏山頭水庫位於台南縣六甲鄉與官田鄉交界處，由於進水支流眾多，潭面蜿蜒曲折形似珊瑚，因而又稱爲珊瑚潭；潭水清澈湖面廣闊，蓄水面積達1,300公頃。西口爲珊瑚潭水庫上游進水口，又有「小瑞士」的美稱，四周竹林蔽天，草地

上●天井漩渦旁的竹林小徑
下●烏山頭水庫進水口壩堤

廣闊，環境優美宜人。沿著停車場旁路徑往下行，堤壩左方可見嘉南大圳新建壩堤碑，碑旁即是著名景點「天井漩渦」。由堤壩盡頭左轉續行，沿線皆爲茂密竹林，在這裡可以很容易見到大端黑螢；成蟲於4至6月間出現，常聚集在近露營區一帶。此地出現的螢火蟲種類不多，這是因爲簡單的林相及生存環境之因，但仍有相當的數量在此棲息；右側是特別規劃的露營區，營地內栽植大片木麻黃，景致清新。水源附近的草叢中有不少台灣窗螢幼蟲棲息，成蟲飛行緩慢，值得觀賞。

🚗 交通資訊

1. 由新營交流道下高速公路，走172縣道至新營市區，接1號省道至龜港，左轉174縣道至六甲，右轉165縣道至烏山頭村後，依指標左轉可抵烏山頭水庫；由六甲沿174縣道往曾文水庫前行，過六甲隧道後約1.5公里依指標右轉可抵西口露營地。

2. 由台南市沿1號省道經永康、新市至官田，轉165縣道至六甲，右轉165縣道至烏山頭村後，依指標左轉可抵烏山頭水庫。

水庫管理局　(06)6982103
童軍營地　(06)6983266
烏山頭國民旅社　(06)6982121
門票全票80元,半票40元
停車費:大型車80元,小型車50元,機車20元

關仔嶺山區

觀賞種類	出現月份
黑翅螢	三月～五月
端黑螢	七月～八月

關仔嶺位於白河鎮山區，以溫泉著稱，海拔高度約240公尺左右，以關仔嶺溫泉為起點，沿途包括紅葉公園、好漢坡、嶺頂公園、水火同源、碧雲寺和大仙寺等景點。由於開發的早，自日據時代開始，當地即是著名的溫泉勝地，汭水至關仔嶺之間是觀賞螢火蟲的主要路線。沿172縣道前行，在經過土雞城後，兩旁出現大片竹林，林下陰暗潮濕有多種螢火蟲幼蟲棲息，熠螢屬是最典型的代表，其中以黑翅螢較為常見，端黑螢數量也不少，偶爾還有雲南扁螢幼蟲出現在水溝旁，找尋食物。

孚佑宮(仙公廟)位於東山鄉青山村，海拔高度約600公尺，廟內供奉八仙呂洞賓，假日遊客眾多香火鼎盛。寺廟右方是通往曾文水庫的產業道路，全線均已鋪設柏油路面，路況良好。順著蜿蜒的山路進入，沿途林蔭清幽，是條熱門的郊遊踏青路線。出現的螢火蟲種類

●仙公廟是熱門的郊遊踏青路線

和關仔嶺附近類似，但數量更多；三月底黑翅螢開始出現，林道上、樹林下到處是飛舞的螢火蟲；有時還會出現一些少見的種類，如小紅胸黑翅螢、雙色垂鬚螢等。其它出現的種類有雲南扁螢、紅胸黑翅螢、橙螢、紋螢、大端黑螢、端黑螢、山窗螢等。

🚗 交通資訊

自新營交流道下高速公路，沿復興路(172縣道)往新營市區，在新營火車站前左轉接172縣道經白河、仙草埔抵關仔嶺，過紅葉隧道後直走接175縣道，經南寮後見指標左轉可抵仙公廟。

孚佑宮可供食宿(06)6861502,(06)6862973

高雄地區

南橫天池

觀賞種類	出現月份
神木螢	十一～十二月
鋸角雪螢	十月～十一月

天池位於高雄縣桃源鄉，南橫公路的中段，海拔高度約2,200公尺，水池面積300坪左右，四周皆爲高大的原始森林，林相以紅檜、雲杉及鐵杉爲主，由於位處中高海拔山區，氣候陰涼潮溼，冬季常有濃霧發生。由客運站牌沿著石階往上走，有一座黃瓦白牆的建築，是奉祭罹難工程人員的長青祠，長青祠後方即是通往天池的步道，步道沿線11月至12月間可看見神木螢、雪螢滿天飛舞的景象，且族群甚大。此地夜間溫度常降至10℃以下，但螢火蟲仍照常出現，是台灣中高海拔特有的生態景觀。

上●長青祠奉祭罹難的工程人員
下●天池冬季常有濃霧發生

神木螢是天池地區最常見到的螢火蟲種類，一般只在冬季出現，其它季節並不容易見到，但部份地區遲至二月份發生數量仍多。

交通資訊

由麻豆交流道下高速公路，沿171縣道接84號省道(東西向快速道路)至玉井，續走接台20縣省道經北寮、甲仙、寶來、桃源、梅山抵天池。

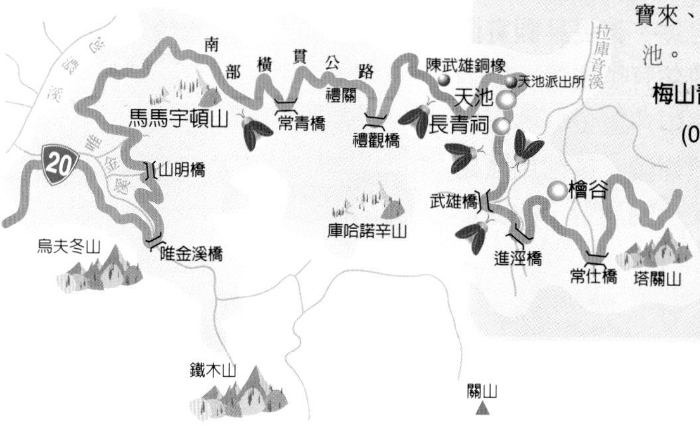

南部橫貫公路
陳武雄銅像
天池派出所
天池
長青祠
禮關
常青橋
禮觀橋
馬馬宇頓山
20
山明橋
拉庫音溪
檜谷
武雄橋
庫哈諾辛山
烏夫冬山
唯金溪橋
進涇橋
常仕橋
塔關山
鐵木山
關山

梅山青年活動中心
(07)6866166
利稻民宿村
(089)938025
碧山山莊
(07)6861055

美濃黃蝶翠谷

觀 賞 種 類	出 現 月 份
黑翅螢	三月～五月
大端黑螢	四月～五月

黃蝶翠谷位於美濃鎮廣林里，雙溪與東勢坑溪縱流其間，海拔高度在 200 公尺以下，氣溫較高。夏夜裡的螢火蟲則別有一番壯麗景象，沿著溪畔前行，溪谷兩側是低矮的山巒，景色優美。林間有許多規劃完善的休閒步道，自然生態資源相當豐富。每年 3 月到 9 月是螢火蟲發生的季節，不管是森林底層或步道兩旁，都可發現螢火蟲且數量很多，其中以大端黑螢最為常見，林道上不時可見其飛舞的身影。四月間有多種螢火蟲大量出現，步行其間常讓人有意外的驚喜。

雙溪熱帶林區位於黃蝶翠谷右側，園區內栽植 100 多種原產於熱帶的珍奇樹種。沿途多樣的林木生態及綠蔭步道，加上清楚的標示解說，已成

上 ●雙溪熱帶雨林
下 ●溪谷沿線是極佳的賞螢路線

為最佳的自然觀察地點，此區同時也是良好的賞螢地點。每當夜晚來臨，園區內到處是螢火蟲，穿梭在濃密的原始森林中，尤其是靠近溪谷附近，數量更是驚人。常見的種類有黑翅螢、紅胸黑翅螢。

（地圖標示）
美濃渡假村
雙蓮潭
尖山 ▲
卍朝元寺
鍾理和紀念館　黃蝶翠谷
船頭
雙溪熱帶森林遊樂區
大埤頭
廣林
農會
美濃鎮

 交通資訊

由路竹交流道下高速公路，沿 184 縣道經阿蓮至旗山，接 184 甲線至美濃，依指標續行經雙溪橋後可抵黃蝶翠谷。

●茂林風景區瀑布眾多，景色優美　　　　　●茂林風景區入口（余楊新化攝）

茂林山區

觀 賞 種 類	出 現 月 份
黑翅螢	三月～五月
大端黑螢	四月～五月

　　茂林鄉原名多納，地處於高雄縣東南方山區，海拔250公尺至1,200公尺，年平均溫度攝氏18℃，當地居民大多為魯凱族原住民，民風淳樸保守，沿途瀑布眾多，景色優美，由於地處偏僻山區，至今仍保有原始的森林景觀。美雅谷瀑布一帶的螢火蟲種類眾多，除黃胸黑翅螢外，大端黑螢數量也不少。站在美雅吊橋上，清風徐來，令人心曠神怡，除可遠眺瀑布風光外，更是一處僻靜的賞螢賞景去處。茂林谷是風景區內另一處賞螢的重要景點，濁口溪與木勝溪在此交匯，形成特殊的曲流地形。溪谷兩側林木茂密，景致秀麗，宛如世外桃源一般，螢火蟲種類相當豐富，其中以黑翅螢最具觀賞價值，來到這裡你會發現，黑翅螢在林道上到處飛舞，數量頗為壯觀；四月初是出現高峰期，成蟲閃爍頻率高，發光亮而明顯，每年數量都相當穩定，近年來已成為夏日賞螢的好去處。

交通資訊

　　由楠梓交流道下高速公路，沿22號省道經里港至高樹，左轉接27號省道經舊寮至大津，過大津橋右轉續走可抵茂林。

　　或由南二高台南支線新化段下高速公路，沿20號省道經左鎮、南化、北寮、甲仙至荖濃，右轉接27號省道續行，依指標左轉可抵茂林。

茂林風景區管理處　(07)6801488
多納民宿　(07)6801101

扇平森林保留區

觀賞種類	出現月份
黑翅螢	三月～五月
端黑螢	七月～八月

　　扇平森林保留區位於六龜鄉中興村，中央山脈南端支陵上，行政上隸屬於林業試驗所六龜分所扇平工作站，海拔高度介於 600 至 1,000 公尺之間，屬於低海拔溫暖闊葉林，氣候清爽宜人，年平均溫度約攝氏 21 ℃，由於具有良好的天然條件加上長期經營，扇平的動植物種類繁多，植被覆蓋完整，提供螢火蟲良好的生長環境。自然教育區的竹林附近，綠蔭濃密，山壁上長滿了蕨類植物，這一帶的螢火蟲種類眾多，常讓人有意外的驚喜。黑翅螢是此區最典型的代表，林道上觸目可見，由於氣候溫和，更成為民眾避暑及享受森林浴的最佳去處。出現種類有橙螢、雲南扁螢、蓬萊短角窗螢、紋螢、擬紋螢、紅胸窗螢、紅胸黑翅螢、黑翅螢、山窗螢。需注意的是，目前園區維持半開放狀態，民眾入山前須向高雄縣政府申請甲種入山證。

●扇平林道草木繁茂，螢火蟲種類和數量都非常豐富

交通資訊

1.由路竹交流道下高速公路，沿 184 縣道經阿蓮、旗山至六龜，過六龜大橋後接 27 號省道續行，依指標左轉扇平林道可抵。

2.由南二高台南支線新化段下高速公路，沿 20 號省道經左鎮、南化、北寮、甲仙至荖濃，右轉接 27 號省道續行，再依指標左轉扇平林道可抵。

扇平工作站　(07)6891648

※當地為山地管制區，進入須事先辦理入山證。

藤枝森林遊樂區

觀 賞 種 類	出 現 月 份
鋸角雪螢	一月～十一月
雪螢	十月～十一月

藤枝森林遊樂區位於高雄縣桃源鄉寶山村，海拔 1,200 至 1,600 公尺，由林務局六龜工作站管轄，年平均溫度 17℃。遊樂區面積達廣 750 公頃，其中人工林有 300 多公頃，其餘 400 多公頃為原始闊葉樹林。隨著山勢起伏，林相由人造林轉變為原始天然林，沿線氣候潮濕植被茂盛，野生動植物資源相當豐富。

冬季時鋸角雪螢有大數量發生，漫步在林道上，兩旁盡是濃密的樹林，螢火蟲如流星般迎面而來，相當引人矚目；偶爾有雙色垂鬚螢雌蟲出現在山壁上，發出淡淡的螢光，不仔細看還會誤認為是發光菌。派出所旁小路可通往特有生物保育中心的中海拔工作站。沿著山路上山，在往工作站的路旁山凹聚集了相當多的脈翅螢類，是一處理想的賞螢點，但由於位處管區，一般民眾並無法前往，頗為可惜。

出現種類有雪螢、鋸角雪螢、神木螢、蓬萊短角窗螢、山窗螢、雙色垂鬚螢、脈翅螢類、北方鋸角螢及雲南扁螢等。

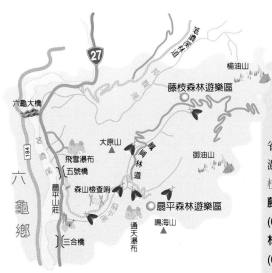

交通資訊

由路竹交流道下高速公路，沿 184 縣道東行經旗山至六龜，過六龜大橋接 27 號省道北行，過荖濃橋循橋尾荖濃溪林道指標右轉經寶山至藤枝沿線。

藤枝森林遊樂區電話
(07)6891034
林管處六龜工作站
(07)6891002,(07)6891036

屏東地區

- 南仁山生態保護區
- 恆春生態農場
- 墾丁森林遊樂區
- 雙流森林遊樂區
- 霧台山區

墾丁森林遊樂區

觀 賞 種 類	出 現 月 份
大端黑螢	四月～五月
端黑螢	七月～八月

●墾丁森林遊樂區為典型的珊瑚礁地形（余楊新化攝）

　　墾丁森林遊樂區位於屏東縣恆春鎮恆春半島南端，面積435公頃，屬熱帶季風氣候區，三面環海，氣候炎熱潮濕多雨。沿著山路上山，翠綠茂盛的林木是此地最主要的景觀，穿梭於高大的樹林之中，板根植物處處可見，當黑夜來臨，園區裡到處都是螢火蟲，在茂密的林中起舞，不斷閃爍的螢光，顯現出此地獨特的生態景觀。和其它地方不同的是，當地除冬季外，端黑螢全年可見，不僅與中北部七、八月出現的時間明顯不同，且一年可能有兩代，原因可能與此地炎熱潮濕的氣候有關。

●墾丁森林遊樂區氣候炎熱、潮濕多雨（余楊新化攝）

社頂自然公園位於墾丁森林遊樂區東南方，是兩個相臨的賞螢區，面積128公頃，為典型的珊瑚礁地形；和墾丁森林遊樂區不同的是，當地草原與闊葉林交雜。全區寬敞的步道環繞，在茂密的森林底下，螢火蟲隨處可見，以端黑螢數量較多，而大端黑螢數量也不少。運氣好時還可以見到雲南扁螢雌蟲，出現在落葉堆中，可做為低海拔山區主要賞螢地區。常見種類有姬脈翅螢、大端黑螢、小紅胸黑翅螢、台灣窗螢、脈翅螢、窗螢、黃頭脈翅螢、端黑螢等。

🚗 **交通資訊**

由高雄小港交流道下高速公路，沿17號省道南行經林園.東港.林邊至水底寮，續接1號省道經枋寮，在楓港轉26號省道，經車城至恆春，沿24號省道至南灣，見墾丁森林遊樂區牌樓後左轉直走，在水源地右轉可抵社頂自然公園。

墾丁森林遊樂區　(08)8861211
社頂自然公園　(08)8861321
　墾丁青年活動中心　(08)8861221-4
墾管處生態研習中心　(08)8861321-505
　全票150元,半票75元

社頂自然公園茂密的森林

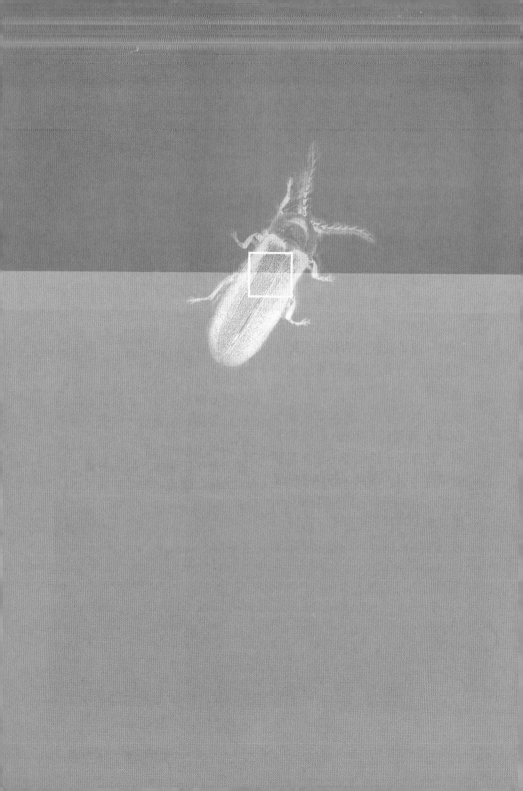

宜蘭地區

太平山森林遊樂區

觀賞種類	出現月份
黃緣短角窗螢	十月～十二月
蓬萊短角窗螢	六月～八月

太平山森林遊樂區位於宜蘭縣大同鄉山區，面積 12,600 公頃，海拔高度 200 至 2,000 公尺，隸屬於林務局羅東林區管理處管轄，與阿里山、八仙山並列為台灣三大林場。冬季到太平山森林遊樂區，山頂常會飄著毛毛細雨，四周山頭籠罩在雲霧裡面，氣候顯得陰涼而潮溼。這裡有多種螢火蟲發生，其中以黃緣短角窗螢最具觀賞價值，成蟲於十月初開始出現，經常出現在空曠的步道上方飛舞，發光為黃綠色持續光，發生時間可持續至翌年一月。從外觀來看，雄蟲外型與鋸角雪螢十分類似，但翅鞘顏色較深且黃緣明顯，可依此加以辨別；雌蟲外表呈乳白色，發光並不明顯，常隱身於草叢之中，並不容易發現，僅於林道上發現過一次。常見種類有鋸角雪螢、蓬萊短角窗螢、北方鋸角螢、橙螢、山窗螢、黑翅螢、大端黑螢等。

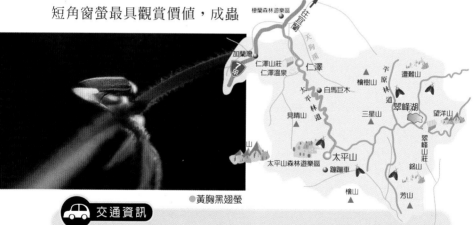

●黃胸黑翅螢

🚗 交通資訊

由宜蘭走 7 號省道經員山、大同、至百韜橋，直走接 7 甲省道，過家源橋後左轉續走可抵太平山森林遊樂區。

或由鶯歌交流道下高速公路，沿 114 線道至鶯歌，右轉經三峽接 3 號省道續行，遇岔路左轉接 7 乙省道至三民，左轉 7 號省道經復興、巴稜、明池，再右轉接 7 甲省道，過家源橋後左轉續走可抵太平山森林遊樂區。

明池森林遊樂區

觀賞種類	出現月份
鋸角雪螢	十月～十一月
雪螢	十月～十一月

　　明池森林遊樂區位於宜蘭縣大同鄉，海拔高度 1,500 公尺左右，屬中海拔山地氣候，年降雨量超過 3,000 公釐，冬季雲霧盛行，氣候陰涼潮溼，林下植被覆蓋相當完整。每年雙十節前後，雪螢即開始陸續出現，主要發生於森林步道沿線，以近稜線處較多。一般來說，鋸角雪螢分布地點海拔高度較雪螢稍低，出現時間也較晚，但兩者差別並不明顯，不過有些地點只有單一種類出現，可見其生態及棲息環境還是有所不同；至於在數量上，兩者並不分上下。本區出現種類有雪螢、鋸角雪螢、神木螢、山窗螢、黃緣短角窗螢、紅胸窗螢。

🚗 交通資訊

　　自宜蘭走 7 號省道經員山至百韜橋，遇叉路右轉可抵明池森林遊樂區。

　　或由鶯歌交流道下高速公路，沿 114 線道至鶯歌，右轉經三峽接 3 號省道續行，遇岔路左轉接 7 乙省道至三民，左轉 7 號省道經復興、巴稜，可抵明池森林遊樂區。

●明池森林遊樂區冬季雲霧盛行

香格里拉休閒農場

觀賞種類	出現月份
台灣窗螢	四月～九月
山窗螢	十月～十一月

●山窗螢雄螢

　　香格里拉休閒農場位於宜蘭縣冬山鄉大進村，占地約 55 公頃，為一處私人經營的休閒農場，也是一個休憩採果遊樂的好去處。農場四面環山，林木茂盛景色優美，園區規劃有鄉土餐飲區、住宿度假區、農產販售區、森林遊樂區及農業體驗區，遊客可入園親手摘採水果，享受採果的樂趣；農場並設置有步道、涼亭、眺望台等設施，提供另一種遊樂方式。森林遊樂區裡的健行步道林木茂密，每年 4 月至 9 月夜晚，有大量台灣窗螢在空中飛舞盤旋，相當熱鬧。而 10 月至 11 月山窗螢發出的明顯亮光則是宛如流星般一道道橫過天際，讓人驚豔；除了成蟲之外，幼蟲的發光也相當具有可看性，無論是路邊或林下的芒草叢都可見到，尤其在往眺望台沿線步道出現的數量最多。

🚗 **交通資訊**

　　由宜蘭沿 9 號省道前行，至羅東右轉接 7 丙省道抵三星，過廣興分局後第 2 個叉路左轉接梅花湖環湖道路，續走可抵香格里拉休閒農場。

地址：宜蘭縣冬山鄉大進村大進路 1-1 號

電話　(03)951-1456

觀光果園門票　全票 150 元，
　半票 100 元

棲蘭森林遊樂區

觀賞種類	出現月份
黑翅螢	四月～五月
山窗螢	十月～十一月

棲蘭森林遊樂區位於中橫公路宜蘭支線，宜蘭縣大同鄉土場村境內，面積 1,700 公頃，海拔高度 500 公尺左右，境內高溫多濕，雨量充沛。全區森林茂密景觀優美，遊樂區內有多條森林步道，昆蟲及鳥類生態豐富，為觀賞自然生態及賞螢的好去處。沿苗圃方向前行，穿過陰暗的森林可抵涼亭，沿線螢火蟲出現頻繁。就數量而言，黑翅螢是本區主要觀賞的種類，大發生時數量相當多，成蟲通常出現在步道旁邊坡草叢上，由於發光明顯且數量眾多，非常適合觀賞。其它出現的種類有橙螢、黑翅螢、小紅胸黑翅螢、端黑螢、大端黑螢、蓬萊短角窗螢、山窗螢等。

交通資訊

自宜蘭走 7 號省道經員山至百韜橋，接 7 甲省道後直走，遇叉路右轉直走可抵棲蘭森林遊樂區。

或由鶯歌交流道下高速公路，沿 114 線道至鶯歌，右轉經三峽接 3 號省道續行，遇岔路左轉接 7 乙省道至三民，左轉 7 號省道經復興、巴稜、明池，右轉 7 號省道可抵棲蘭森林遊樂區。

雙連埤

觀賞種類	出現月份
黑翅螢	四月～六月
黃緣螢	四月～九月

雙連埤位於宜蘭縣員山鄉湖西村，為一個深藏在群山之間的小湖泊，海拔高度約500公尺左右，由姐潭和妹潭兩個水潭相連而成；四周群山環繞，形成獨立特殊之生態體系。水源來自山谷匯集的雨水，湖水高度依降雨量多寡而時有改變。因鄰近山地長期開發的影響，湖內淤積嚴重，屬晚年期湖泊。水生動、植物種類及數量都十分豐富，為典型的池沼生態體系。因特殊封閉地形，且位置偏僻，保存了此區珍貴稀有的水生植物及寧靜清悠的自然景色。三月至五月及八月至九月為黃緣螢發生期，成蟲在天黑後開始出現，大發生時可看到上千隻螢火蟲滿天飛舞的壯麗景觀，數量之多讓人驚嘆，甚至，在白天也可見到幼蟲捕食螺貝類的景象，是台灣地區少數的黃緣螢池沼型棲地之一。

交通資訊

交通由宜蘭走7號省道至員山，接9甲省道，經大湖可抵雙連埤。

●雙連埤四周群山環繞

花蓮地區

- 布洛灣
- 美崙山區
- 富源森林遊樂區
- 神秘谷步道
- 南安瀑布

布洛灣

觀賞種類	出現月份
黑翅螢	四月～五月
紅胸黑翅螢	四月～五月

　　布洛灣位於太魯閣國家公園燕子口附近，海拔高度200公尺左右，緊鄰立霧溪峽谷，地形崎嶇複雜，視野寬廣遼闊，氣候溫暖潮濕，年平均溫度攝氏20℃，是中橫沿線重要的遊憩景點，現已規劃為泰雅人文遊憩區，展示泰雅族人建築及人文風貌。沿著展示區後方步道往上走，兩旁為潮濕的闊葉森林，植物景觀豐富且多樣。春末至夏季，有不少螢火蟲出現，除了紅胸窗螢成蟲外，偶爾也有雲南扁螢幼蟲出現在林道兩旁。隨著山勢變化起伏，也有不同種類出現，十月出現的山窗螢也頗具觀賞價值。漫步在林道上，清風徐來，流螢點點，構成山林中最美麗的圖畫。出現種類有紅胸黑翅螢、紅胸窗螢、山窗螢與雲南扁螢。

● 布洛灣視野寬廣遼闊，現已規劃為泰雅人文遊憩區

🚗 交通資訊

　　由台中走中投快速道路至草屯，在草屯手工業研究所前左轉接14號省道至埔里，續走經清境、梅峰、翠峰、鳶峰、昆陽、武嶺至大禹嶺，接中部橫貫公路經天祥可抵布洛灣。

布洛灣遊客服務中心(03)8612528
布洛灣訂房專線
(03)8612517,8621680,8611012
天祥青年活動中心(03)8691111-4

美崙山區

觀賞種類	出現月份
台灣窗螢	四月～九月
黃緣螢	三月～九月

美崙山位於花蓮市東北方，為低海拔丘陵地形，民國86年在中正公園成立美崙山生態展示館，展示螢火蟲的生態，並在美崙山區營造螢火蟲的棲息環境，進行野放保育工作，每逢假日，常吸引眾多賞螢的人潮。館內展示種類為黃緣螢。沿著林間小徑往上走，亦是熱門的健行路線。因開墾之影響，大部分林相為人工林，沿途綠樹遮蔭，各種鳥類穿梭於森林之中，路旁也有不少台灣窗螢出現。由於交通方便，進年來已成為郊區賞螢及自然觀察的好去處。

上●螢火蟲生態館展示螢火蟲生態圖片
中●美崙山公園設置螢火蟲生態館
下●公園裡林木翠綠繁茂

🚗 交通資訊

　由花蓮市區沿中山路前行，至林森路左轉尚志路，續走可抵美崙山生態展示館。

美崙山生態展示館　(03)8234343

(星期一休館不開放參觀)

富源森林遊樂區

觀賞種類	出現月份
黑翅螢	四月～五月
大端黑螢	四月～五月

富源森林遊樂區位於花蓮縣瑞穗鄉富源村，由林務局花蓮林區管理處所管轄，占地190公頃，富源溪橫貫其間，海拔高度介於200至650公尺之間。沿富源溪環溪步道可抵富源瀑布，步道兩旁樟木林及原始闊葉林交雜，景色優美，林木鬱密。

每年四月至五月是最佳的賞螢季節，樹林中黑翅螢四處飛舞，數量可多達數千隻，每逢假日，常吸引眾多賞螢的人潮；若是在春暖花開時節走在溪畔，不時有螢火蟲由眼前飛過，美麗景觀令人駐足不前，其中瀑布附近數量最多，滿天螢光星光相互輝映，景象格外引人注目。出現種類有山窗螢、蓬萊短角窗螢、紅胸窗螢、黑翅螢、端黑螢、雲南扁螢、雙色垂鬚螢、橙螢等。

●富源森林遊樂區入口

交通資訊

由花蓮沿9號省道經吉安、壽豐、鳳林、光復至富源右轉直走可抵富源森林遊樂區。

富源森林遊樂區
(03)8811514,8811524
花蓮林管處(03)8811514
奇美民宿村(03)8991003
瑞穗溫泉山莊(03)8872170
紅葉溫泉旅社(03)8872176

神秘谷步道

觀 賞 種 類	出 現 月 份
紅胸黑翅螢	四月～五月
山窗螢	十月～十一月

　　神秘谷位於花蓮縣秀林鄉富世村，海拔高度100至150公尺，為石灰岩峽谷地形，入口處在太魯閣收費站旁。由神秘谷大橋旁進入山谷，步道沿砂卡礑溪東岸而行，溪流兩岸是天然亞熱帶闊葉林，林下植被完整。步道上經常有螢火蟲出沒，在這裡紅胸黑翅螢數量不少，不時有成蟲由眼前飛過，只要細心觀察，你會發現出現種類還真不少，而且各有特色，只可惜山路崎嶇複雜，交通較不方便，不適合攜帶小朋友前往。出現種類有紋螢、紅胸黑翅螢、紅胸窗螢、山窗螢、雲南扁螢等。

●砂卡礑溪步道路線圖
●神秘谷步道已改名為砂卡礑溪步道

交通資訊

　　由台中走中投快速道路至草屯，在草屯手工業研究所前左轉接14號省道至埔里，續走經清境、梅峰、翠峰、鳶峰、昆陽、武嶺至大禹嶺，接中部橫貫公路經天祥、燕子口，在長春隧道內左轉，過神秘谷大橋後可抵。
天祥青年活動中心
(03)8691111-4

南安瀑布

觀賞種類	出現月份
大端黑螢	七月～八月
蓬萊短角窗螢	六月至八月

　　南安瀑布位於花蓮縣卓溪鄉山區，瀑布高約50公尺，海拔高度約600公尺左右，溪水由峭壁間直瀉而下，氣勢雄偉壯觀；溪流兩岸為天然闊葉林，螢火蟲資源十分豐富。四月初至五月中旬有黑翅螢發生，估計出現數量可達數千隻。由瀑布入口續行約四公里可抵瓦拉米步道，步道兩側為低海拔闊葉林，林下陰涼潮濕，有豐富的動植物生態資源，螢火蟲相亦非常豐富，每年春夏間，可見到大端黑螢成群出現在樹叢間，發橙黃色光，亮而明顯，為一處適合螢火蟲生存的地點。但由於地屬管制區，進入須辦理入

上●南安遊客中心
下●南安瀑布由峭壁間直瀉而下，氣勢雄偉壯觀

山證。出現種類有大端黑螢、黑翅螢、蓬萊短角窗螢、山窗螢、橙螢、紋螢。

交通資訊

　　由花蓮市沿9號省道經玉里，接18號省道至卓麓，過玉山國家公園南安遊客中心續走可抵南安瀑布。

南安遊客中心 (03)8887560

台東地區

- 東河山區
- 知本森林遊樂區
- 錦園

●東河山區（蔡文川攝）

東河山區 (泰源幽谷)

觀 賞 種 類	出 現 月 份
山窗螢	十月～十一月
端黑螢	七月～八月

　　泰源幽谷位於台東縣東河鄉東河村西側的山谷，海拔高度在 150 公尺以下，周遭景色多變，深具熱帶原始雨林的風味。由登仙峽至泰源村之間的馬武屈溪峽谷，北溪與南溪於此交匯，交織出壯麗的峽谷景觀。沿河谷前進，一路上植物相當豐富。由於此地屬於陰濕的峽谷地形，蘊育出豐富的螢火蟲生態資源，每當春季來臨，便可看到許多螢火蟲在林下飛舞。山窗螢幼蟲是當地最容易見到的螢火蟲，雌蟲幼蟲期可長達 2 年，每至秋分，常可見到成蟲與幼蟲同時出現在道路兩旁，發黃綠色光，亮而明顯。此地出現的其他種類有山窗螢、蓬萊短腳窗螢、紅胸窗螢、黑翅螢、端黑螢、大端螢、紋胸脈翅螢、紋螢、雲南扁螢。

交通資訊

由台東沿 11 號省道北行，經富崗、都蘭至東河，續走遇岔路左轉23號省道(富東公路)，可抵泰源幽谷。

食宿：東安宮　(089)891501

知本森林遊樂區

觀 賞 種 類	出 現 月 份
黑翅螢	四月～五月
端黑螢	七月～八月

　　知本森林遊樂區位於台東縣知本溪畔，占地110公頃，為低海拔闊葉林區，屬熱帶性氣候，海拔高度介於200公尺至450公尺之間，隸屬於台東林務局管轄。園區內規劃有峽谷、溫泉區、露營區、森林遊樂區等據點，是東部著名的遊覽勝地；沿遊客服務中心右方步道起點前行，是條熱門的健行路線，沿途林木茂密，處處充滿原始森林的風貌。由於擁有特殊地理條件及氣候，蘊育出極為豐富的螢火蟲資源。四、五月黑翅螢發生期，步道兩旁到處是螢火蟲的身影，步行其間，常讓人有意外的驚喜。除此之外，往瀑步區的步道也是不錯的賞螢路線；端黑螢是沿途常見的種類，雄螢經常聚集在樹冠頂端飛舞，林下出現的清一色都是雌蟲，幸運的話，還可以見到大場雌光螢出沒，但數量不多。此地出現的種類有山窗螢、蓬萊短腳窗螢、紅胸窗螢、黑翅螢、端黑螢、脈翅螢、大場雌光螢、黃胸黑翅螢、脈翅螢類、紋螢、雲南扁螢、雙色垂鬚螢、小紅胸黑翅螢、橙螢。

●知本林區（蔡文川攝）

🚗 交通資訊

　　由台東沿11乙省道南行至知本，再由知本循往溫泉的指標右轉溫泉路，續走可抵知本森林遊樂區。

知本森林遊樂區　(089)513395
門票全票50元，半票30元

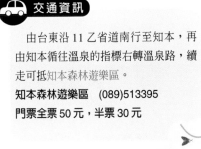

金門地區

觀賞種類	出現月份
條背螢	五月〜九月
台灣窗螢	四月〜九月

　　金門又名仙洲，占地 3,780 公頃，南北最窄只有 3 公里，因屬偏遠離島且長期受軍事管制，自然環境保存相當完整。近年來金門國家公園管理處調查發現，瓊林老爺飯店附近臨海渠道，有大量條背螢出現，成蟲於五月初出現，發生期長，一直持續到九月中旬仍可發現；由於溪旁植被豐富，水流緩慢，提供了條背螢所需的生存環境，終年可見其幼蟲。當地屬淡、鹹水交會處，且冬季東北季風強勁，卻仍有如此大數量，足見此地環境的特殊，

應予以妥善保護，為條背螢保存一處適宜生存的環境。中山紀念林位於金門國家公園管理處旁，是八二三炮戰重要紀念地，史蹟豐富，由於植被豐富潮濕，林相茂密，除冬季外，全年都有台灣窗螢發生。台灣窗螢分佈廣泛，只要環境不是破壞太過嚴重，都可以發現。

●瓊林老爺飯店附近，有不少條背螢

交通資訊

　　交通可由台北搭遠東航空或復興航空班機前往。

第三章
螢火蟲的生活

產卵行為

當雄螢尋找到雌螢，向牠求愛後便立刻進行交尾；交尾後的雌蟲會先移動身體，左右擺動著腹部，弓著腹部末端，開始找尋合適地點產卵。水生螢火蟲雌蟲在水邊土堤潮溼陰暗的苔蘚間產卵，如黃緣螢約產 100-300 枚；陸生螢火蟲也是喜歡在長有許多雜草、樹蔭下或石下陰暗處產卵，如台灣窗螢約產 250-350 粒。

黃緣螢雌蟲在產卵時會一方面產卵，一方面發光警戒；雌蟲以尾部末端的產卵管伸長，約有三節所形成末端尖細，有細長的感覺毛，可刺入苔蘚植物的小葉或縫隙間，感測產卵的位置與環境，合適時便會一粒一粒的將卵產下。剛產下的卵十分柔軟，像果凍般，且卵表面還裏有一層黏稠透明的物質，這是由副腺所分泌的化學物質，可輕易地黏著於苔蘚小葉或縫隙間的物體，再經過 2～3 天後，卵形狀才會慢慢的固定；而卵也多聚集在一起，形成卵堆狀。

螢火蟲卵一般形狀可分為圓球形與橢欖球形，顏色有乳白色、黃色、紅褐色與橙色等，最小型卵約 0.4 公釐，最大型卵約 2.8 公釐。

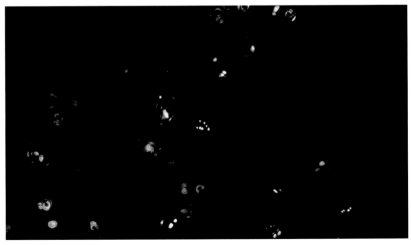

●黃緣螢卵的發光現象。

●大端黑螢的產卵管，端部細長且具有感覺毛。

台灣窗螢正在產卵。

●黃胸黑翅螢幼蟲具有明顯的氣管鰓。

幼蟲生活

依幼蟲生長棲地可分為陸棲型、水棲型與半水生型三類。台灣目前僅發現3種水生螢火蟲種類，分別為黃緣螢、黃胸黑翅螢與條背螢。幼蟲皆具有特殊的呼吸方式，以適應水中生活。黃緣螢與黃胸黑翅螢幼蟲在每節腹側板上具有一對氣管鰓，這是由氣管特化成「Ｙ」字型；條背螢的呼吸與前述之方式完全不同，主要是以腹部末端的一對氣孔浮出於水面呼吸，換氣與吸氣後，再潛入水中生活。

鹿野氏紅翅螢幼蟲則是生長在近水邊潮濕處，能潛入水中捕食，短暫的適應水中生活，因此稱為「半水生」型螢火蟲。其他大多數螢火蟲幼蟲是屬於陸生種類。

幼蟲皆有負趨光性，因此是在夜間活動與找尋獵物。有些種類會在地表上爬行，找尋地表上的獵物，如橙螢、雲南扁螢與脈翅螢類的幼蟲；也有些幼蟲喜歡爬到樹上捕食蝸牛，如短角窗螢幼蟲。因此幼蟲在生態棲位上有明顯的分化，所以對於取食的食物也產生了特化的現象。在野外觀察的過程中，值得加以注意與記錄。白天，幼蟲安靜躲藏在石頭、沙堆、枝葉、洞穴或泥土中；有些地棲性的幼蟲會鑽進土中營洞躲藏，且將身體拱起，如雲南扁螢幼蟲。

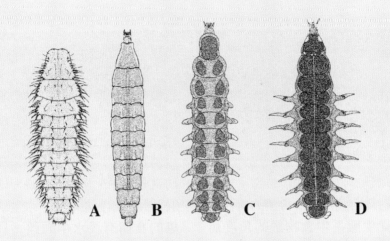

●台灣產水生螢火蟲幼蟲之比較。A，條背螢一齡幼蟲；B，條背螢終齡幼蟲；
C，黃胸黑翅螢終齡幼蟲；D，黃緣螢終齡幼蟲。(姜碧惠 繪)

條背螢幼蟲的呼吸方式與黃胸黑幼蟲顯然有所不同。

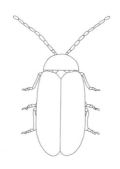

捕食行為

　　螢火蟲幼蟲的捕食行為是非常有趣的過程。在雨後或夜間凝露水的時刻，扁蝸牛開始活動，扁蝸牛以腹足步行，而腹足表面具有大量單細胞黏液腺會分泌黏液，以利腹足步行。因此窗螢類的幼蟲很容易藉由扁蝸牛移動時所留下的黏液痕跡找到牠們，再爬上扁蝸牛殼上。當扁蝸牛發現有物體在背上，便會左右旋轉，以擺脫甩掉殼上的物體。此時幼蟲站在背後，首先以端部尖細的大顎攻擊觸角，大顎端部有一處小孔，是麻醉液的注入口，可將麻醉液注入蝸牛肉內，被攻擊的蝸牛則迅速縮入殼內，過不久，又會伸出身體，受到幼蟲再次攻擊後，又再度縮入殼內，這樣反覆進行 3-5 次，蝸牛則漸漸地被麻醉，此時蝸牛黏液腺仍會分泌黏液，與空氣孔的空氣形成泡沫，加以阻絕，但也防止不了幼蟲的捕食。另有一種情況是蝸牛爬到樹上，幼蟲也會在樹葉或枝條間找尋獵物，當蝸牛被攻擊後，則會迅速掉落地面，由於幼蟲站在殼上，所以掉落之位置還是會在一起，幼蟲可以立刻找到蝸牛，最後逃不過幼蟲的捕獵，變成佳餚。

　　當蝸牛被麻醉後，便無法動彈，幼蟲會趨前取食；首先靠近腹足，分泌消化液，再用其強而有力的大顎夾肉，讓蝸牛肉與消化液能夠充份的混合，使蝸牛肉分解成肉糜狀液體。由於不斷重複的夾取，通常肉糜會在幼蟲的上唇部位堆積形成小球狀體，幼蟲再慢慢將其吸入體內。

●山窗螢幼蟲站在扁蝸牛的外殼上（背面觀）。

●台灣窗螢幼蟲蛻皮。

●橙螢幼蟲具有明顯的排擴腺

●台灣窗螢幼蟲會有假死現象

蓬萊短角窗螢幼蟲體色有許多變化，花色型幼蟲
與枯葉顏色相近。

●紅胸窗螢幼蟲體色和樹枝與落葉顏色相近。

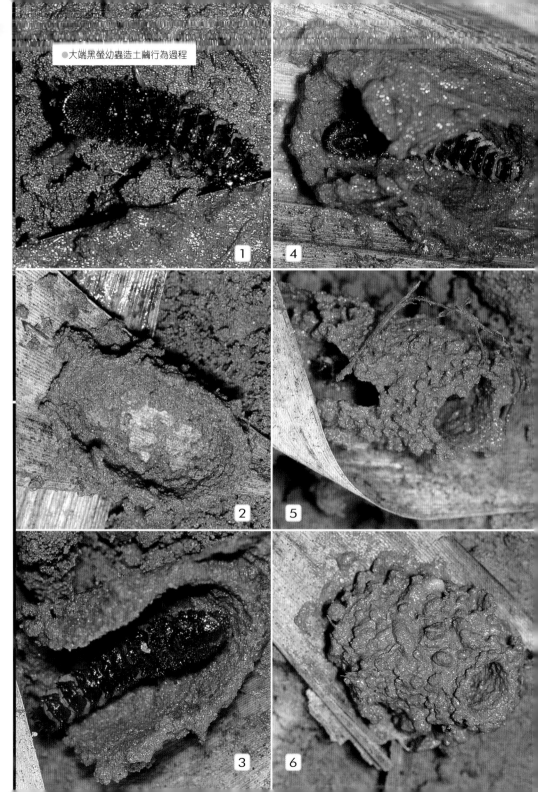

●大端黑螢幼蟲造土繭行為過程

●大端黑螢交尾姿勢如「一」字形

●山窗螢雄蟲於翅基部產生流血現象

表、台灣中部地區常見螢火蟲發生期

中文名	1月	2月	3月	4月	5月	6月	7月	8月	9月	10月	11月	12月
山窗螢									■	■	□	□
台灣窗螢				■	■	■	■					
紅胸窗螢				■	■	□						
黃緣螢				■	■	■	■	■	■	■	□	
黃胸黑翅螢				■	■	□						
黑翅螢				■	■	■						
大端黑螢				■	■	■						
邊褐端黑螢					■	■	■	■	■	■	□	
端黑螢						■	■	■				
紅胸黑翅螢				■	■	□						
小紅胸黑翅螢				■	■	□						
紋螢				■	■	■						
擬紋螢						■	□	□				
北方鋸角螢				■	■							
橙螢								■	□	□		
鋸角雪螢									■	□	□	
雪螢										■	■	■
神木螢		■								■	■	■
黃緣短角窗螢									□	□	□	
雲南扁螢								□	□	□		
雙色垂鬚螢									□	□	□	□

正在產卵中的黃緣螢雌蟲，被地表活動的蜘蛛捕獲，正要飽餐一頓。

●蜘蛛類捕食正在產卵大端黑螢，雌蟲還將卵一粒粒的產出。

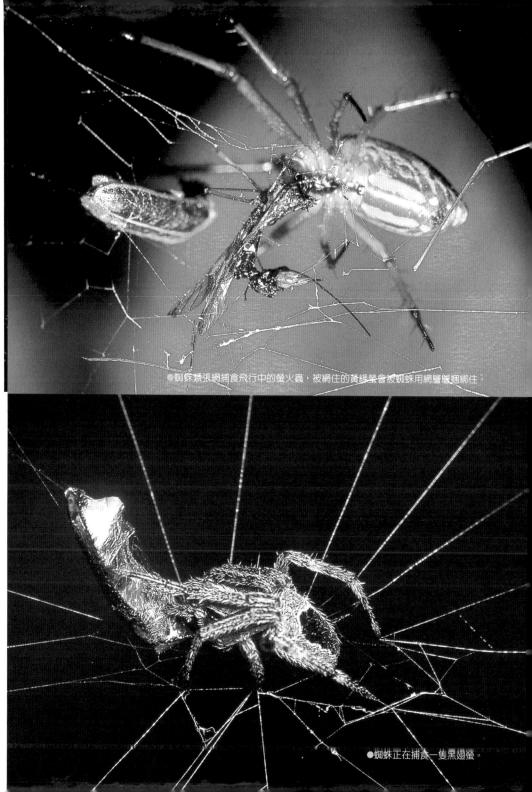

●蜘蛛類張網捕食飛行中的螢火蟲，被網住的黃緣螢會被蜘蛛用網層層捆綁住。

●蜘蛛正在捕食一隻黑翅螢。

我們如果要瞭解螢火蟲的一些行為與習性，最好的方式就是在家中飼養與觀察，不但可滿足個人對於發光性昆蟲所產生的好奇心。在保育工作上，有效的開發種源保存方法，有助於延續螢火蟲之族群，亦可作為科學研究上的材料；在環境教育活動的應用上，螢火蟲也是一種很好的觀察記錄物種，如水生螢火蟲類被視為良好之環境指標生物，透過螢火蟲可以瞭解生物與環境之關係。

由於螢火蟲種類多，幼蟲生態與習性不同，且幼蟲期相當長，文獻資料少，一般適合學生飼養的種類不多，所以介紹黃緣螢（幼蟲水生）與台灣窗螢（幼蟲陸生）的飼養方法，較適合入門觀察且存活率較高。此外良好的生態觀察箱與生態池，可作為環境教育的實習場所。

●發光中的山窗螢

螢火蟲飼育裝置數量與規格

質材名稱	規　格	數量	單位	用　途
沉水馬達	小型	1	組	水循環使用
加溫器		1	個	水溫低時加溫時用
塑膠容器	61cmx42.5cmx23.5cm(大)	1	個	淨水、盛水、循環用容器
塑膠容器	61cmx42.5cmx9.5cm(小)	5	個	飼養螢火蟲容器
貝殼砂	白色(包)	5	包	過濾水用
活性碳	1公斤裝	1	包	淨化水質除臭用
置物盒	大型	1	個	供沉水馬達抽水用
水管	內徑 2.5cm	2.5	公尺	引導水路
過濾綿		1	包	過濾食屑、雜質

飼養設備與器材

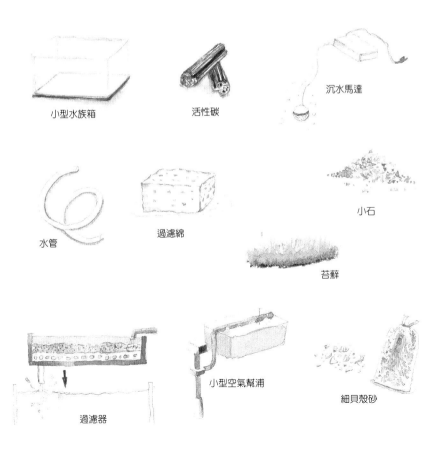

小型水族箱

活性碳

沉水馬達

水管

過濾綿

小石

苔蘚

過濾器

小型空氣幫浦

細貝殼砂

會在隱藏處直接化蛹。在飼養觀察下，也有個體會在水中直接化蛹，但都無法順利羽化。

五、羽化成蟲

剛羽化的成蟲需要物體攀附，否則翅膀往往無法完全撐開，造成殘翅。順利羽化的成蟲，則將雌蟲與雄蟲配對，放於小罐子中，供雌蟲產卵，以維持其種族的繁衍。不斷的以人工繁殖的蟲源自交下，容易產生弱化，需要回到該種源原棲地中採集雄螢回來與雌蟲交尾，這樣才可能維持較高的存活率，提供最佳種源保存方法，建立螢火蟲保育工作的基礎。

黃緣螢的繁殖與飼育流程

 採卵　　雄蟲與雌蟲交尾後，雌蟲將卵產於苔蘚、水草或是海綿上。

 水草放於細網上置入飼育盒中　　孵化後的幼蟲會鑽到水中，水中放置白色磁磚，供其棲息。

 每隔一週加食物與水，取出食屑　　食物以椎石螺幼螺或扁蜷類為主。並將取食完的螺殼取出。

 幼蟲長到2～5齡換堆疊式飼育箱　　以較高的養殖密度飼養，每層飼育箱可養5,000～10,000隻幼蟲，每天供應螺。

 將終齡的幼蟲換到上層靜水域　　將終齡幼蟲放在靜水域中，等待化蛹。

 收集蛹體，放入透明飼育盒　　可放入生態觀察箱中，作生態觀察。

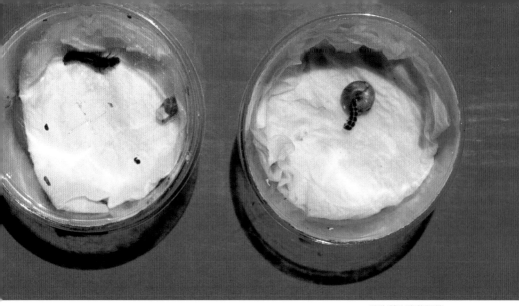

●陸生螢火蟲的飼養

台灣窗螢之飼養

大場博士(1993)提出陸生螢火蟲飼育方法，主要是利用透明的飼養水族箱，加入採集自地表土，而以含水份較高之土壤為佳，用潮濕的報紙來吸附一些排泄物，放在土表面，最後放入蝸牛類，供幼蟲捕食，之後加上蓋子。大場博士所提出之方法經評估，由於體積大、操作不方便且費時、花費較高、單隻飼養不方便與幼蟲不易觀察記錄等缺點，但是可以佈置良好生態環境，以便觀察。因此發展簡便飼育法，能將剛孵化幼蟲單隻飼育，提高存活率，供詳細觀察與記錄

行為，有助於瞭解台灣窗螢基本生物學。

首先佈置飼育環境，用抽取式白色與粉紅色衛生紙，對摺二次後，植入透明塑膠盒中，以塑膠滴管注入約3毫升與5毫升去離子水，讓衛生紙保持潮濕狀即可，水不可過多，再放入剛孵化之幼蟲，每日飼養供給扁蝸牛活體，加蓋，在蓋上打5枚針孔洞，放置於室溫下陰暗通風處；隔日，將衛生紙抽換。而此種簡易飼育方法，操作容易、十分經濟、不佔空間等優點，幼蟲可以順利化蛹，羽化後，雌蟲與雄蟲配對後可以交尾與產卵，都可以在此容器中完成其

需要有日夜顛倒的設置，夜間以日光燈照明，白天則將光線全部遮蔽。

　　圍牆式水道是以單面牆壁為設計主軸，前方圍牆式區隔，建造一條水道，一面可供人觀察水道中螢火蟲幼蟲活動情形。另一面則種植水生植物、蕨類與苔蘚，需有層次的規劃植栽，以利幼蟲能夠上陸化蛹，可用沉水馬達抽水，過濾後重覆使用。此外溝渠式水道是將平面造出低角度之斜面，挖掘小溝，防水處理，種植水生植物、蕨類與苔蘚等，與上述作法相似。

　　在生態觀察池之經營管理上，需要注意幼蟲天敵的發生，如水蠆類與長腳蝦類會捕食幼蟲；蜘蛛類會捕食成蟲，因此在環境中需要加以清除，否則存活率會降低，影響觀察的品質。

●以生態工法建構水溝

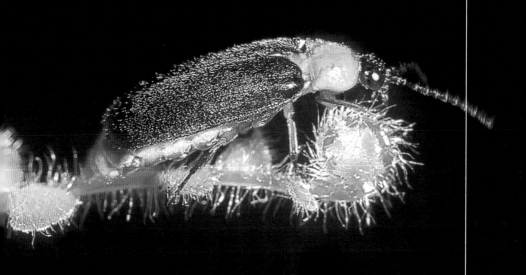

第五章
台灣常見
螢火蟲圖鑑

常見螢火蟲圖鑑

　　台灣螢火蟲種類多，雖然種類從形態上可以清楚分辨，但是有些外型十分類似，須要依據一些輔助說明，才容易分別。成蟲外部形態，特別的有頭部位置、觸角形狀、前胸背板顏色、前胸背板形狀、前翅顏色、發光器形狀與發光器的數量等等，需要將屬級的特徵加以瞭解後，便能夠馬上進入螢火蟲繽紛世界。

螢科雄蟲腹面的
各部形態與術語
（依據神田，1935）

●黑翅螢

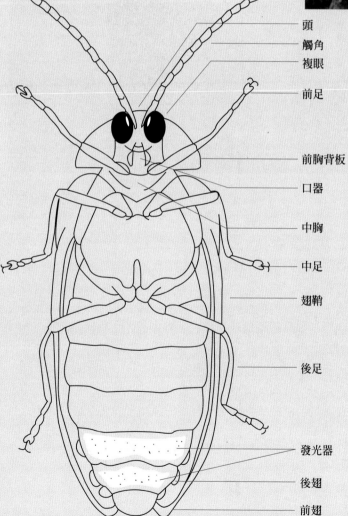

頭
觸角
複眼
前足
前胸背板
口器
中胸
中足
翅鞘
後足
發光器
後翅
前翅

黃緣螢　　3-10月
Luciola ficta Olivier（夜行性）

●黃緣螢交尾

棲地特性	發光特性	黃色	幼蟲食物
低海拔山區水域（水生作物田、灌溉溝渠）			本土性螺貝類

體　　長：雄蟲體長7.6～8.8公釐，雌蟲體長8.9～9.0公釐

形態描述：雄蟲體壁布滿細毛。頭部黑色；觸角黑色，絲狀，前胸背板橙黃色。足橙黃色。前翅黑色，有許多小圓形點刻與黃色細毛，翅緣有黃色細紋。腹部黑色，有2枚乳白色長橢圓形發光器。雌蟲體型略較雄蟲大，外型與顏色與雄蟲相似，有1枚乳白色長橢圓形發光器。

基本生態：從前黃緣螢是台灣平原中常見的螢火蟲，幼蟲水生，主要生長於水田與灌溉溝渠中。幼蟲以河流中的蜷類或椎實螺類為食。目前由於棲息地遭到嚴重的破壞，數量愈來愈少，且有生存上的危機。

●剛羽化的黃緣螢雌蟲

●黃緣螢蛹

●黃緣螢幼蟲

●黃緣螢卵

條背螢　4-10月

Luciola substriata Gorham（夜行性）

●條背螢雄蟲

棲地特性	發光特性　橙黃色	幼蟲食物
池塘與濕地	○○○○○○○○○○○○○	台灣釘螺、瘤蟺、台灣椎實螺、圓口扁蜷等

體　　長：雄蟲體長 10.3-10.5 公釐，雌蟲體長 11.6 — 11.8 公釐。

形態描述：雄蟲體橙黃色，屬於端黑型螢火蟲，體壁布滿細小點刻與細毛。頭部黑色，觸角黑色，絲狀，11 節，前胸背板略呈長方形端部略凹，但端部中央則略呈弧形突出。足橙黃色。前翅橙黃色，上覆細小點刻與細毛，端部有 1 枚黑色紋。腹部腹板橙黃色，發光器 2 節，第一節發光器呈長條形，第二節發光器呈倒三角形端部圓鈍，此發光器基部中央及兩側為透明狀。雌蟲體型較雄蟲為大，複眼較雄蟲為小。第 5 節腹板有 1 枚乳白色發光器呈長條形，第 6 腹節較第 5 腹節小，呈梯形，端部兩側各有一枚三角形突出，第 7 腹節呈倒三角形端部圓鈍。

●條背螢土繭

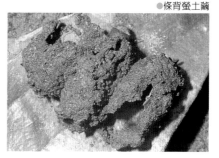

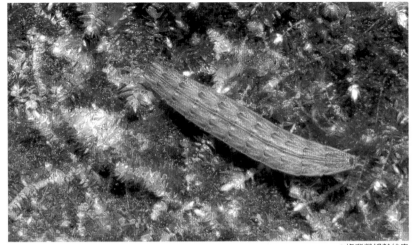

●條背螢終齡幼蟲

●條背螢一齡幼蟲

●條背螢卵

基本生態：幼蟲水生，主要生長於濕地與池塘中，特別是水生植物生長
豐盛之處。在金門濕地中也有分布，是台灣產螢火蟲中唯一
一種屬於濕地間生長的種類，在生理上，可以克服具有鹽份
的水質，在半鹹水中的環境生長。在 30 年前，條背螢可能是
台灣低海拔山區常見的螢火蟲，但是台灣全島的池塘與濕地
生態，多半被開發整平，或被傾倒廢棄物掩埋，遭嚴重破
壞，使其無法生存，目前在本島的數量已經相當稀少。

大端黑螢　3-6月

Luciola anceyi Olivier（夜行性）

●大端黑螢雄蟲

棲地特性	發光特性	橙黃色	幼蟲食物
低海拔山區之農園、竹林、雜木林、杉木林	○○○○○○○○○○○○○		蝸牛、蚯蚓、節肢動物屍體

體　　長：雄蟲體長 11.2 ～ 12.0 公釐，雌蟲體長 11.5 ～ 11.7 公釐。

形態描述：雄蟲體黃色，布滿細小圓形點刻狀細紋，前翅末端黑色。頭部黑色，觸角黑色，絲狀。前胸背板半圓形，橙黃色，由前緣處到後緣漸漸隆起，中央背線略下凹陷，後緣端部略向外突出；足黃褐色；前翅橙黃色，翅末緣處有 1 枚黑斑。腹部黃褐色，發光器 2 節。雌蟲外型略較雄蟲為大，顏色與外型和雄蟲相似，發光器 1 節。

基本生態：幼蟲陸生，是海拔 2,000 公尺以下山區常見的螢火蟲。成蟲喜歡聚集在竹林中較高處，雄蟲發光閃爍頻率快，但持續時間不長，且會同時明滅。由於成蟲發生期正值是油桐花的開花期，成蟲會聚集在花叢中吸食花蜜，是台灣目前發現少數會訪花的螢火蟲。

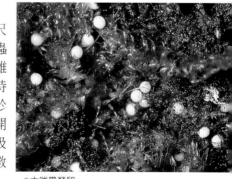

●大端黑螢卵

●大端黑螢交尾

●大端黑螢幼蟲

大端黑螢雌蟲

端黑螢　　6-8月

Luciola gorhami Ritsema（夜行性）

●端黑螢交尾

棲地特性	發光特性	橙黃色	幼蟲食物
低海拔山區之農園	○○○○○○○○○○○○○		蝸牛、蚯蚓、節肢動物屍體

體　　長：雄蟲體長 8.7 ～ 10.2 公釐，雌蟲體長 8.7 ～ 11.0 公釐。

形態描述：雄蟲是熠螢類「端黑型」中最小型者。前翅黃色，有許多小點刻與淡黃色細毛，翅末緣處有 1 枚黑斑，發光器 2 節，發光器前緣處有 1 枚黑色長條狀斑。雌蟲外型略較雄蟲為大，顏色與外型和雄蟲相似，發光器 1 節。

基本生態：幼蟲陸生，主要生長於台灣中低海拔山區，分布廣，數量多，成蟲多出現於黑翅螢發生期後，以也是夏季中值得觀賞之螢火蟲。雄蟲發光閃爍頻率快，但持續時間不長。

●端黑螢幼蟲

●端黑螢交尾

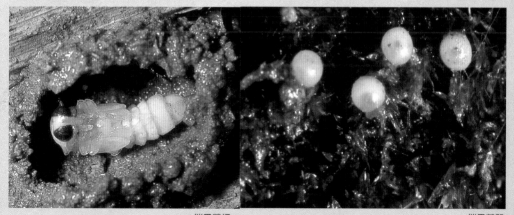
●端黑螢蛹

●端黑螢卵

小紅胸黑翅螢 4-6 月

Luciola sp3.（夜行性）

●小紅胸黑翅螢雄蟲

棲地特性	發光特性	橙紅色	幼蟲食物
低海拔山區之森林	●●●●●●●●●●●●		不詳

體　　長：雄蟲體長 8.3～10.5 公釐，雌蟲體長 11.7～12.1 公釐。

形態描述：雄蟲體壁布滿細毛與細小點刻。頭部黑色，觸角黑色，絲狀；前胸背板桃紅色。雌蟲體型略較雄蟲為大，複眼較小，外型與雄蟲相類似。外型與紅胸黑翅螢十分類似，從發光器的形態與顏色，可加以區辨。

基本生態：幼蟲陸生，主要生長於海拔 2,000 公尺以下山區。是春季常見的螢火蟲。成蟲喜歡聚集於林間高處，雄蟲發光閃爍頻率快，持續時間長，發光橙紅色，具有同時明滅現象。

小紅胸黑翅螢雄蟲

小紅胸黑翅螢雌蟲

梭德氏脈翅螢 4-10月

Curtos sauteri (Olivier)（夜行性）

●梭德氏脈翅螢雄蟲

棲地特性	發光特性	綠色	幼蟲食物
低海拔山區之森林			蝸牛

體　　長：雄蟲體長 4.1 ～ 9.3 公釐。

形態描述：雄蟲個體間體長差異大，體壁布滿細毛與細小點刻。頭部黑色，複眼黑色，觸角黑色。前胸背板橙黃色，中央背板有明顯黑色紋；足黑色，端部橙黃色；前翅黑色，翅側緣處有摺狀彎曲；腹部黑色，腹板末端有 2 枚乳白色發光器。雌蟲體型較雄蟲為大，外型與雄蟲相類似，發光器 1 枚。

基本生態：幼蟲陸生，主要生長於台灣低海拔山區。成蟲發生期長，是夏季較常見的螢火蟲。雄蟲發光持續，閃爍時間較遲，因此所產生的發光景觀也相當特別。

●梭德氏脈翅螢卵

梭德氏脈翅螢幼蟲

紅胸窗螢　4-6月
Pyrocoelia formosana (Olivier)（日夜行性）

●紅胸窗螢雄蟲

棲地特性	發光特性	黃綠色	幼蟲食物
台灣全島中低海拔山區	發光持續，但十分微弱		蝸牛類

體　　長：雄蟲體長 12.3 ～ 13.7 公釐，雌蟲體長 15.1 ～ 17.0 公釐。

形態描述：雄蟲頭部黑色。前胸背板半圓形，黑色，中央背板有 1 枚紅色斑塊，前緣部有 2 枚明顯的腎形透明斑。腹部末緣發光器不明顯。雌蟲體橙黃色。頭部橙黃色；前翅幾乎完全退化。

基本生態：幼蟲陸生，主要生長於台灣海拔 2,000 公尺以下山區。雄蟲白天飛出，夜間也會發出微弱的光，但不明顯。

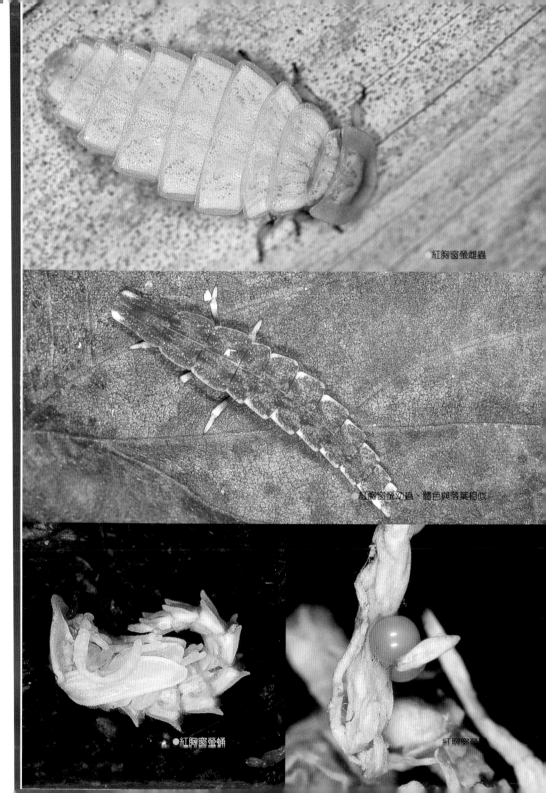

●紅胸窗螢雌蟲

紅胸窗螢幼蟲，體色與落葉相似

●紅胸窗螢蛹

紅胸窗螢

橙螢　　9-10 月

Diaphanes citrinus Olivier（夜行性）

●橙螢雄蟲

棲地特性	發光特性	黃綠色	幼蟲食物
台灣全島低海拔山區			蚯蚓

體　　　長：雄蟲體長 12.3 ～ 15.5 公釐，雌蟲體長 25.6 ～ 27.1 公釐。

形態描述：雄蟲體橙色。複眼黑色；觸角黑色。前胸背板橙色半圓形，前緣部有 2 枚弧型的透明斑塊；足黑色；前翅橙色；腹部末緣有 2 條乳白色發光器。雌蟲體橙黃色，前胸背板半圓形；翅完全退化，腹部末緣發光器不明顯。

基本生態：主要生長於台灣海拔 2,000 公尺以下山區，發生普遍。是秋季常見的螢火蟲，雄蟲於入夜後飛出，發光持續，約經 1 小時後，雄蟲發光數量明顯減少。

●橙螢幼蟲

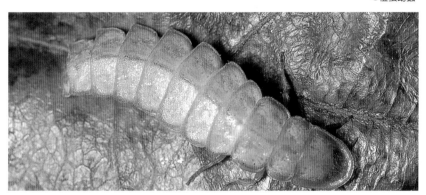

●橙螢雌蟲

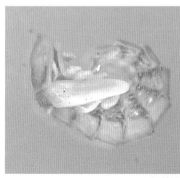

●橙螢蛹

●橙螢卵

鋸角雪螢 10-12 月

Diaphanes lampyroides (Olivier)〔夜行性〕

●鋸角雪螢雄蟲

棲地特性	發光特性	黃綠色	幼蟲食物
台灣全島中高海拔山區			蚯蚓類

體　　長：雄蟲體長 12.3 ～ 14.5 公釐，雌蟲體長 18.3 ～ 20.6 公釐。

形態描述：雄蟲體淺橙黃色，略為透明；觸角黑色，鋸齒狀；前胸背板半圓形，中央背板紅色，前緣部有 2 枚弧型的透明斑塊；足黑色，腹部末緣有 2 枚橢圓形發光器。雌蟲體橙黃色，前胸背板與腹部前緣處紅色；前翅明顯退化，發光器不明顯。

基本生態：主要生長於台灣海拔 1,000 － 3,500 公尺間之山區。鋸角雪螢是屬於高山的螢火蟲，於冬季發生，時常出現於林道間，目前由於高山地區皆加裝許多路燈，會影響賞螢的品質。雄蟲於入夜後飛出，發光持續，但時間不長，約 30 分鐘後便不再發光，因此賞螢的時間要提早。

短角窗螢屬 ▲

●鋸角雪螢幼蟲捕食蚯蚓

●鋸角雪螢卵

●鋸角雪螢雌蟲

●鋸角雪螢前蛹

神木螢　10-12月

Diaphanes sp1.（夜行性）

●神木螢雄蟲

棲地特性		發光特性	黃綠色	幼蟲食物
台灣全島中高海拔山區				蝸牛類

體　　長：雄蟲體長 8.2 ～ 10.1 公釐，雌蟲體長 13.6 ～ 15.2 公釐。

形態描述：雄蟲體淺白色，略透明；頭部黑色。前胸背板半圓形，略較
腹部為窄，基部兩端圓鈍，前緣部有 2 枚弧型的透明斑塊。
腹板各有 2 枚乳白色長橢圓形發光器。雌蟲體橙黃色，前胸
背板中央紅色；前翅完全退化，腹部具有 4 枚乳白色發光
器。

基本生態：主要生長於台灣海拔 2,500 公尺以上之山區，屬於高山的螢火
蟲，本種與鋸角雪螢和雪螢共棲。在合歡山北峰旁，冬季發
生期時常出現於林道間與箭竹林中。雄蟲於入夜後飛出，發
光持續，但時間不長，約 30 分鐘後便不再發光。雌蟲常於林
道旁之土堤上發光，以吸引雄蟲前來。

●神木螢雌蟲

●神木螢卵

Lucidina biplagiata (Motschulsky)（日行性）

●北方鋸角螢雄蟲

棲地特性	發光特性	幼蟲食物
台灣全島低中海拔山區	成蟲不發光	蚯蚓類

體　　長：雄蟲體長 8.7 ～ 10.2 公釐。

形態描述：體黑色；觸角黑色，鋸齒狀；前胸背板紅色，前緣處略尖，中央背板具有黑色條斑；前翅黑色；腹板不具有發光器。雌蟲體型略較雄蟲大。

基本生態：幼蟲陸生，主要生長於台灣海拔 2,000 公尺以下山區，幼蟲以蚯蚓為食，常出現於土堤旁發光，發光黃綠色。成蟲白天飛出。

●北方鋸角螢幼蟲

●北方鋸角螢腹面

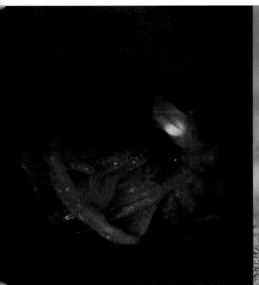

●北方鋸角螢發光

●北方鋸角螢蛹

突胸鋸角螢 3-6月

Lucidina sp.（日夜行性）

●突胸鋸角螢交尾

棲地特性	發光特性	幼蟲食物
台灣全島中低海拔山區	不詳	不詳

體　　長：雄蟲體長 18.4 ～ 21.8 公釐。

形態描述：頭部黑色；前胸背板半圓形，紅色，中央背板處顏色較深，前緣部有 2 枚明顯的腎形透明斑，中央背線明顯。

基本生態：主要生長於台灣海拔 2,000 公尺以下山區。雄蟲白天飛出。

●突胸鋸角螢雌蟲

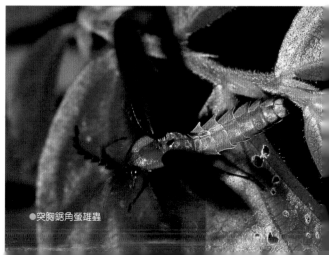

●突胸鋸角螢雄蟲

卵翅鋸角螢 4-6 月

Lucidina accensa Gorham（日行性）

●卵翅鋸角螢雌蟲

棲地特性	發光特性	幼蟲食物
台灣全島低中海拔山區	成蟲不發光	蚯蚓類

體　　長：雄蟲體長 6.7 ～ 8.2 公釐。

形態描述：體黑色；觸角黑色，鋸齒狀；前胸背板紅色，前緣處略尖，
中央背板具有黑色條斑；前翅黑色；腹板不具有發光器。雌
蟲體型略較雄蟲大。從前胸背板之形狀，可與北方鋸角螢區
別。

基本生態：幼蟲陸生，主要生長於台灣北部海拔 2,000 公尺以下山區。成
蟲白天飛出。

鹿野氏紅翅螢 3-6 月

Pristolycus kanoi Nakane（日夜行性）

●鹿野氏紅翅螢交尾（陳家慶攝）

棲地特性	發光特性	幼蟲食物
台灣全島中低海拔山區	微弱	不詳

體　　長：雄蟲體長 14.8 ～ 15.0 公釐，雌蟲體長約 16.9 ～ 17.2 公釐。

形態描述：體黑色；前胸背板黑色；前翅紅色，翅緣黑色，前翅翅脈有些個體線條黑色；足黑色；腹部黑色，發光器不明顯。雌蟲體型略較雄蟲為大。

基本生態：主要生長於台灣海拔 2,000 公尺以下山區。成蟲白天飛出，雄蟲於夜間會發出微弱之綠光。

●鹿野氏紅翅螢幼蟲

●鹿野氏紅翅螢幼蟲

●鹿野氏紅翅螢卵

大場雌光螢 4-6 月

Rhgophthalmus ohbai Wittmer（日夜行性）

●大場雌光螢雄蟲

棲地特性	發光特性	綠色	幼蟲食物
台灣全島低中海拔山區		成蟲之發光行為會改變	不詳

體　　長：雄蟲體長約 10.2 ～ 10.8 公釐，雌蟲體長約 18.3 ～ 19.2 公釐。

形態描述：雄蟲體黑色，且複眼分開為離眼式的狀態，與螢科的種類有所區別。複眼黑色，觸角絲狀，褐色。前胸背板黑色，略半圓形，基部末緣兩側略突出且尖銳；足部黃褐色，脛節與跗節為黑色，跗節 5 節，爪單純且細長。前翅黑色。腹部黑色，節間淡黃色，腹部末端不具明顯發光器，但雄蟲也會發光。雌蟲蠕蟲型，體乳白色，不具翅。

基本生態：幼蟲陸生，主要生長於台灣海拔 250 ～ 2,000 公尺山區，在林相完整的林間，或林道旁裸露的土堤或較為陰濕的土坡上較容易發現。雌蟲在日落前開始從隱匿處爬出，會將腹部舉起，由腹部末端的發光器向後方發出黃綠色的光，以吸引雄蟲前來交尾，交尾後的雌蟲會在土壤表面的孔隙中產卵，產完卵後，雌蟲具有護卵行為，會發出點狀的光，是台灣產螢火蟲中最特別的一種螢火蟲。目前僅於日本的西表島與台灣有分布。

●大場雌光螢雄蟲腹面

●大場雌光螢雌蟲　　　　　　●抱卵中的大場雌光螢雌蟲

紅弩螢

Drilaster purpureicollis (Pic)（日行性）

●紅弩螢

棲地特性	發光特性	幼蟲食物
低海拔山區	成蟲不發光	不詳

體　　長：雄蟲體長 7.2 ～ 9.0 公釐

形態描述：體紅色，體壁覆以細毛。前胸背板末緣如弩狀，小盾片紅色；腹板不具明顯發光器，雌蟲體型略較雄蟲大。

基本生態：幼蟲陸生，主要生長於台灣海拔 1,500 公尺以下山區，成蟲出現於 5 － 6 月間，白天飛出。

弩螢屬

赤雙櫛角螢
Cyphonocerus sanguineus Pic（日行性）

●赤雙櫛角螢

棲地特性	發光特性	幼蟲食物
低海拔山區	成蟲不發光	不詳

體　　長：雄蟲體長 8.5～9.6 公釐。

形態描述：體朱紅色，體表有許多細毛；觸角黑色，雙櫛角狀；前胸背板朱紅色，末緣呈弩狀；前翅朱紅色；腹板不具明顯發光器。

基本生態：幼蟲陸生，主要生長於台灣海拔 1,200 公尺以下山區，成蟲白天飛出，雄蟲在夜間也會發出微弱的綠色光。

雙櫛角螢屬

●螢火蟲發光美景

記得美國文學家愛默生有一句名言「我走過全世界各地,覺得最美的是在我家門前池塘邊的小花」。從前居家附近的小水溝中有許多的水生螢火蟲與魚蝦類,只要有螢火蟲存在,便是環境優良的保證,但是螢火蟲如今已完全消失在我們居家周圍,現在如果我家有一片土地,有美麗的庭園,要如何保護居家附近螢火蟲棲地,在人類居住的環境中,有什麼行為會影響螢火蟲的族群,必需加以瞭解。另外如何營造水生螢火蟲棲息環境,把可愛的螢火蟲迎回家。

社區經營棲地保育的觀念

螢火蟲的保育工作最好從民眾做起,落實於社區文化中,如日本的螢火蟲祭,在日本南部地區有許多地方在每年六月中旬舉行,全家出動一起

去看源氏螢，欣賞螢火蟲發光之美，這是日本螢火蟲文化，能深植於日本人心中。

　　於民國八十七年六月間西螺地區台灣螢火蟲大發生，由媒體報導後，曾經轟動一時，許多鎮民、外來賞螢人潮不斷湧入，造成棲地的破壞，不當採集與交通擁塞，影響賞螢品質。之後，西螺鎮頂湳里活動中心旁之荒地於八十九年七月間台灣窗螢幼蟲大量爬出，經詳細規劃，導入社區民眾之參與，嚴格實施棲地保育。雖然這是一件突發性的事件，有幸的是當地民眾能夠主動聯繫與參與。當地對棲地保育措施可供作其他地區棲地保育之參考。

螢火蟲棲地保育措施

1. 路燈塗上黑漆，防止光害。
2. 管制行經棲地旁之車輛，並勸導熄燈慢行。
3. 以塑膠網圍繞保護棲地，以防入侵。
4. 設置小型解說站，提供螢火蟲宣導品。
5. 設置警告牌，嚴禁捕捉採集。
6. 守望相助隊定時巡邏，維護棲地。
7. 提供足夠的幼蟲食物，投入扁蝸牛。

●西螺鎮螢火蟲生態展

●水田旁灌溉溝渠是黃緣螢的主要棲地

棲地改善

螢火蟲保育工作，首重棲地的改善。由於螢火蟲的生長環境中受到許多人為的干擾，因此改善棲地，去除這些壞因子，以確保棲地的永續性，需從下列各方面著手。

一、水質的淨化

台灣水源的污染嚴重，從工業廢水、農業化學藥劑、家庭廢水與農業養殖戶的廢水等等，比比皆是。因此需從基本面著手，推廣水質淨化的概念，減少排放廢水，以確保良好的水體環境。

二、減少鋼筋水泥的排水溝

鋼筋水泥結構三面工法的水溝，充斥於我們居住環境的四周，雖然這樣的排水溝有利於排水，但也將山溝、瀑布下方石壁上的植物完全的封死，嚴重破壞螢火蟲棲息環境，而雌蟲產卵與終齡幼蟲化蛹無法找到合適地點，這樣一來，簡直是封殺了螢火蟲的生機。烏來地區與苗栗縣山區的螢火蟲棲地上，原本都是自然的山溝，經由水泥強力的構築後，目前的數量減少許多。

鋼筋水泥的排水溝影響水域生態系甚大，這樣的環境中沒有孔隙、沒有植物與沒有呼吸，僅有大量的有機質累積與惡臭，所以是蚊蟲生長的良好環境，卻也扼殺了其它台灣原生的動植物生長。因此推展生態施工法是整救我們環境之首要工作。台北市政府虎山溪的

●鋼筋水泥排水溝影響水域生態甚大

整治工作，開拓了台灣在排水溝與小河整治範例，不僅施放螢火蟲，增加水域生物相之多樣性，也將人類的親水活動融入其中，使得人類活動起源於河流的觀念，愛護河川的觀念能在小河中看到。

三、減少人工照明設施

夜行性螢火蟲主要是利用光來交換訊息，以達求婚的目的，而當光害擾亂成蟲發光信號，相互間看不到彼此發光，便無法進行交尾，達到繁殖目的，所以人工照明設施對於螢火蟲影響相當大。

人類的生活環境與活動常入侵並影響周遭螢火蟲棲息。當螢火蟲棲息環境遭受了破壞後，人類保育工作才漸漸開展，所以人們對於螢火蟲的價值，有必要深切的去認識與評估，並且要考慮螢火蟲滅絕的嚴重後果。

通常人們總是希望有便利且安全的生活環境，因此會有良好照明設施，如路燈的普級化，山區道路布滿路燈；各種運動場所夜間強力照明設施，例如山區高球場、棒球場與部分的練習場；許多 24 小時營業的便利商店和新闢建道路等

●螢火蟲生存與水域環境的變化息息相關

等的增加，由於夜間黑暗的地方變少了，螢火蟲生存的空間也變得更窄了。如何在人類活動的範圍與螢火蟲的生存範圍間取得一個共存的平衡點，是相當重要，但卻也十分困難。

因此除了一些必要照明外，應將光害對於周圍生物的影響減到最小，例如街上路燈照到路面時，可以用有遮光的廣告招牌稍加遮蔽；夜間的運動設施與屋外的人工照明都要特別考慮光害，不要讓光線照到不必要照的地方；在一些花園或農場為了強化夜間的景觀環境，設置了強力人工照明設施，用活動燈光由下往上照，使得林、川、池、樹木等的自然物在夜間更加的亮麗，卻不知在此場所周邊的生物已受到不可預期的擾亂和影響。此外，要使光害減少，則要從人類生活空間的規劃著手，留下一些沒有人工照明的空間給螢火蟲吧！這是最為迫切的與最好的改善方法。

四、水源之涵養

　　台灣原本為水資源相當豐富的寶島，由於大面積森林的砍伐、大氣的溫室效應等等因素，加上台灣的山高水急，河流短促，水資源保存相當不易，有乾旱的潛在危機，因此也對於水生的幼蟲造成影響。這些與水息息相關的螢火蟲，隨著水域環境的變遷，生存上的威脅相當大。另外台灣各地許多濕地與池沼的破壞消失，水生幼蟲的生存情況日漸不佳，所以保存水資源也相當重要。

五、結合有機耕作方法

　　在黃緣螢的棲息地中有許多是水生作物田，如茭白筍田、水稻田、荷花田與水甕菜田中。近年來台灣農業提倡休閒農業與有機栽培農業，可以結合有機作物的栽培管理，完全不使用農藥，開闢黃緣螢生長棲地，除了可以延續良好的耕作制度，並提供一般民眾良好的賞螢地點。

●日本的螢火蟲保育

日本螢火蟲保育工作

　　日本在螢火蟲的保育工作上已具有良好的基礎，在全國性的民間團體有「日本螢火蟲會」與「全國螢火蟲研究會」；在地方上有許多小型螢火蟲團體，如日本山口縣內的「山口螢火蟲會」等，已經將螢火蟲保育工作推廣到地方，且與中央有所聯繫。「日本螢火蟲會」，每年都會輪流於各地召開年度大會，並舉行研討會，由螢火蟲專家與各地之喜愛者分別報告成果，互相交換研究心得。此外日本的企業團體的捐獻，特別是在酒類或是營造廠商，如麒麟啤酒株式會

社，提供許多瓶罐上廣告機會給螢火蟲，也將所得的一部份捐給螢火蟲保育團體，作為保育活動與出版之用。

在日本濕地與河川的保育相當成功，因此從二方面來談日本螢火蟲的保育，第一為自然棲地的保育，嚴格限制開發，如北海道的釧路濕原與宮崎縣多臼郡北川。第二為棲地改良，著重於河川工程與棲地的保育，在這方面也有許多良好的施工範例，特別是以生態工法整治河川，如福岡縣的北九州市河川整治與琵琶湖的棲地復育等，成效良好，值得效法與學習。

台灣螢火蟲保育現況

近十年來，台灣漸漸重視螢火蟲保育工作，在理論與實務部分均有所斬獲，由各學者專家從事於研究與推廣之工作，如在楊平世教授指導下，有許多研究生以螢火蟲相關之論文研究獲得碩士學位。在推廣螢火蟲之教育與活動上，內政部營建署國家公園組，及所屬之六座國家公園、林務局、台灣大學實驗林管理處、台南縣政府農業局、台北市政府建設局、台北市立圖書館、宜蘭縣政府與花蓮縣政府等單位積極的推動保螢、護螢之相關系

列活動。另外民間的許多林場、休閒農場或渡假村等等，常定期舉行賞螢活動，提倡生態旅遊，使得民眾能瞭解螢火蟲，進而保育螢火蟲。此外，行政院農委會特有生物研究保育中心、各國家公園、主婦聯盟、中華民國自然生態保育協會、金車文教基金會、稻草人文教基金會、中華民國荒野保護協會、中華民國關懷生命協會、台灣省野鳥協會與各縣市野鳥學會等民間保育社團都曾舉辦許多與螢火蟲有關之活動，且將螢火蟲排列入會員與解說員訓練課程，加強培育人才與拓展會員的視野。

1997 年在各方之奔走協助下，積極為螢火蟲保育團體催生，終於在 1998 年獲內政部通過，成立全台第一個「中華民國螢火蟲保育協會」。出版會員通訊「螢火蟲新聞」與會員入會摺頁，並積極的參加各地所舉辦之生態研習營、演講與參觀，在各地所舉行之賞螢活動，已初步獲致教育與推廣之效果。

隨著網際網路之發展，一些螢火蟲之專業網站紛紛成立，可由雅虎、 MSN 、蕃薯藤等網站下，輕鬆由關鍵詞查到螢火蟲網站，如台南縣政府網站、螢火蟲生態導覽、汐止市崇德國小螢火蟲教室網站等等。進入後可查詢螢火蟲之相關生態、形態、賞螢與演講等訊息。除了快速的提供資訊外，也可以進行 Q & A 的問答，立刻解決心中之問題。而螢火蟲的保育工作要落實於基層，要由民眾的主動參與，帶動螢火蟲保育風潮。

●由特有生物研究保育中心出版的螢火蟲生態的摺頁

結 語

在台灣三萬六千平方公里的面積上要去瞭解其生物多樣性，是一項經常性且重要的工作。如今在螢火蟲分類與生態上的研究上已獲得初步之成果，往後更應結合各不同領域的學者專家，分工合作，完成台灣螢火蟲之系統學研究，並加以推廣應用。

目前台灣水生的螢火蟲種類，由於環境的變遷，棲息環境受到破壞，在數量上漸漸減少，確實有必要重視，從其各別物種之生物學、生態學、行為學等分別探討，以作為復育研究之參考，並採取有效的保育措施，使其不再受到生存上的威脅。

螢火蟲的保育應從政府、研究人員、學校、民間保育團體與民間企業合作，共同進行螢火蟲之推廣與教育活動，以達全面性的保育螢火蟲；除此之外，結合自然生態旅遊，在經營完善的休閒農場與觀光農園，舉行賞螢與保螢工作；強調社區總體營造與學校環境教育，將螢火蟲融入社區與校園中，再從社區及校園出發，進行全民性保育螢火蟲。果能如此，進入二十一世紀後，台灣的螢火蟲將可獲得保護，台灣的自然環境加以改善後，恢復「Formosa」美麗寶島的美譽已不遠了。

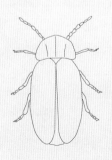

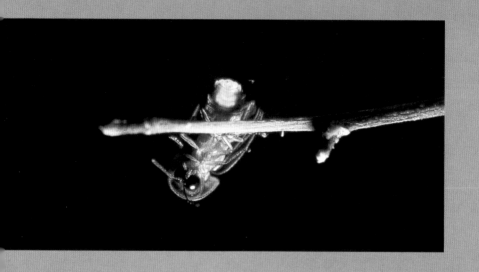

台灣產螢火蟲名錄

Lampyridae 螢科

Psilocladinae 雙櫛角螢亞科

Cyphonocerus Kiesenwetter, 1879 — 雙櫛角螢屬

    C. sanguineus Pic, 1911 — 赤雙櫛角螢

    C. taiwanus Nakane, 1967 — 台灣雙櫛角螢

    C. hwadongensis Jeng et al., 1998 — 花東雙櫛角螢

Ototretinae 弩螢亞科

Drilaster Kiesenwetter, 1879 — 弩螢屬

    D. atricollis Nakae, 1977 — 高山弩螢

    D. flavicollis Nakane, 1977 — 黃胸弩螢

    D. flavipennis Nakane, 1977 — 黃鞘弩螢

    D. kimotoi Nakane, 1977 — 黑弩螢

    D. olivieri (Pic, 1911) — 奧氏弩螢

    D. parvus Nakane, 1977 — 姬弩螢

    D. purpureicollis (Pic, 1911) — 紅弩螢

    D. rollei (Pic, 1911) — 洛氏弩螢

    D. takahashii Nakane, 1977 — 高橋弩螢

Stenocladius Deyrolle et Fairmaire, 1878 — 垂鬚螢屬

    S. bicoloripes Pic, 1918 — 雙色垂鬚螢

Luciolinae 熠螢亞科

Luciola Laporte, 1833 — 熠螢屬

    L. anceyi Olivier, 1883 — 大端黑螢

    L. cerata Olivier, 1911 — 黑翅螢

    L. chinensis (Linnaeus, 1767) — 中華熠螢

*   *L. ficta* Olivier, 1909 — 黃緣螢

    L. filiformis Olivier, 1913 — 紋胸黑翅螢

    L. formosana Pic, 1916 — 蓬萊熠螢

Lampyrinae Motschulsky, 1850 螢亞科

D. sp.2	黃緣短角窗螢
Pyrocoelia Gorham, 1880	窗螢屬
P. analis (Fabricius, 1801)	台灣窗螢
P. formosana (Olivier, 1911)	紅胸窗螢
P. praetexta (Olivier, 1911)	山窗螢
P. sanguiniventer (Olivier, 1911)	赤腹窗螢
P. prolongata Jeng and Lai, 1999	突胸窗螢
Lucidina Gorham, 1883	鋸角螢屬
L. accensa Gorham, 1883	卵翅鋸角螢
L. roseonotat Pic, 1917	赤腹鋸角螢
L. biplagiata (Motschulsky, 1866)	北方鋸角螢
Pristolycus Gorham, 1883	黑脈螢屬
P. kanoi Nakane, 1967	鹿野氏紅翅螢
Lamprigera Motschulsky, 1853	扁螢屬
L. yunnana (Fairmaire, 1897)	雲南扁螢
Vesta Laporte, 1833	櫛角螢屬
V. chevrolati Laporte, 1833	黑腹櫛角螢
V. formosana Pic, 1944	蓬萊櫛角螢
V. impressicollis Fairmaire, 1891	赤腹櫛角螢
V. rufiventris (Motschulsky, 1854)	卵翅櫛角螢

Rhagophthalmidae Olivier, 1910　雌光螢科

Rhgophthalmus Motschulsky, 1853	雌光螢屬
R. ohbai Wittmer, 1994	大場雌光螢

中名索引

學名索引

重要參考獻

1. Jeng, M. L., J. Lai, P. S. Yang, and M. Sato. 1999. On the validity of the generic name Pyrocoelia Gorham (Coleoptera, Lampyridae, Lampyrinae), with a review of Taiwanese species. Jpn. J. syst. Ent. 5(2): 347-362.

2. Jeng, M. L., P. S. Yang, and M. Sato. 1998a. The genus Cyphonocerus (Coleoptera; Lampyride) from Taiwan and Japan, with notes on the subfamily Cyphonocerinae. Elytra Tokyo 26: 379-398.

3. Jeng, M. L., P. S. Yang, M. Sato, J. Lai, and J. C. Chang. 1998b. The genus Curtos (Coleoptera; Lampyride) of Taiwan and Japan. Jpn. J. syst. Ent. 4: 331-347.

4. 三輪勇四郎。1931。台灣產昆蟲目錄(鞘翅目)。台灣總督府中央研究所農業部報告第55號 99～102pp。

5. 朱耀沂。1998。台灣的螢火蟲—今昔物語。山口螢火蟲會會報6‧7號1—6頁。

6. 永澤小兵衛。1903。無翅的螢火蟲。昆蟲世界7：286-289。

7. 何健鎔、朱建昇、朱建昌。1998。一種幼蟲水生螢類的新發現—條背螢。自然保育季刊20：47～51。

8. 何健鎔、林春基、顏仁德。1996。台南縣螢火蟲資源調查與黃緣螢人工繁殖技術之改進。臺灣省特有生物研究保育中心出版 21頁。南投縣。

9. 何健鎔、林春基、顏仁德。1998。台南縣螢火蟲資源調查。國立台灣大學農學院實驗林研究報告12(2)：121～127。

10.何健鎔、姜碧惠。1997。台灣地區二種幼蟲水生的螢火蟲。自然保育季刊 17：42-46。

11.何健鎔、蘇宗宏、楊平世。1998。雲南扁螢記述。自然保育季刊 21：34～39。

12. 何健鎔、蘇宗宏。 2000。台灣螢火蟲（鞘翅目：菊虎總科）之多樣性與其保育。 2000 年海峽兩岸生物多樣性與保育研討會論文集。 517 — 350 頁。國立自然科學博物館印。

13. 何健鎔、蘇宗宏。 2000。端黑螢幼蟲（鞘翅目：螢科）尾足之形態與功能。特有生物研究 2： 44 ～ 53。

14. 何健鎔、陳燦榮。 1998。大場雌光螢之發光行為。自然保育季刊 23： 34 ～ 37。

15. 何健鎔。 1998。西螺地區台灣窗螢大發生。自然保育季刊 23： 48 ～ 53。

16. 何健鎔、鍾榮峰。 1997。台灣產鹿野氏紅翅螢的形態、生活習性與生存危機。自然保育季刊 17： 26 — 31。

17. 何健鎔。 1997。黑暗中的小燈籠？螢火蟲。臺灣省特有生物研究保育中心出版 131 頁。南投縣。

18. 吳加雄。 2000。東勢林場螢火蟲生態研究。國立台灣大學昆蟲學研究所碩士論文。 121 頁。

19. 牧茂市郎。 1927。有關台灣螢。昆蟲世界 31： 74 — 78。

20. 高野秀三、柳原政之。 1939。甘蔗的益蟲防治有害動物之調查研究 台灣總督府糖業試驗所特別報告 2： 311。

21. 高橋良一 1941。取食農作物的蝸牛類。農試報 37： 87 — 96。

22. 邱瑞珍。 1965。台灣農作物害蟲之生物防治。台灣植物保護工作—昆蟲篇(1940-1965)（劉廷蔚先生六十歲紀念文集）。 11 — 22 頁。台灣省農業試驗所出版。台中縣。

23. 張念台、陳仁昭、許文綺。 2000。南仁山長期生態研究區螢火蟲相調查—並論生態區之相似性比較。中華昆蟲 20： 57 — 61。

24. 張錦洲。 1994。台灣產黃緣螢人工飼育之研究。國立中興大學昆蟲學研究所碩士論文 48 頁。

25. 陳仁昭。 1992。台灣窗螢的生活史。國立屏東技術學院植物保護技術系專題討論 7 頁。

26.陳仁昭。 1992 。休閒農業區螢火蟲及蝴蝶飼養及復育計畫。農業委員會期末報告書20頁。

27.陳素瓊、陳仁昭。 1997 。黃緣螢之飼育。宜蘭農工學報14： 25 － 32 。

28.陳燦榮、何健鎔。 1996 。台灣新紀錄種- 大場雌光螢簡介。自然保育季刊 16： 46～ 49 。

29.陳燦榮。 1999 。螢火蟲生態導覽。田野影像出版社。台北市。

30.程文貴。 2000 。西螺台灣窗螢再發光。自然保育季刊 32： 34-37 。

31.楊平世主編。 1998 。營建署國家公園螢火蟲生態保育研討會手冊。

32.楊平世。 1998 。螢夢重圓。中華昆蟲通訊6(3)： 15-16 。

33.楊平世。 1998 。火金姑—螢火蟲。中華民國自然生態保育協會出版 82頁。台北市。

34.楊平世。 1997 。國家公園螢火蟲復育研究計畫。內政部營建署出版 42頁。台北市。

35 楊平世。 1996 。雪霸國家公園螢火蟲生態研究。內政部營建署雪霸國家公園管理處出版30頁。苗栗縣。

36.葉淑丹。 1999 。黃緣螢(鞘翅目：螢科)之棲地管理及食物偏好性。國立台灣大學植物病蟲害研究所碩士論文。 101頁。

37.鄭明倫、賴郁雯、楊平世。 1999 。台灣六座國家公園螢火相概要(鞘翅目：螢科)。中華昆蟲 19： 65 － 91 。

38.賴胤就。 1998 。黑夜的提燈者—螢火蟲。台北縣生命關懷協會出版。台北市。

39.賴郁雯、佐藤正孝、楊平世。 1998 。台灣產螢科名錄(鞘翅目：多食亞目：螢科。中華昆蟲18： 207 － 215.

40.台灣豐富之旅大全集。戶外生活圖書公司。台北

國家圖書館出版品預行編目資料

台灣賞螢地圖／何健鎔 朱建昇 著.－－－－－初版.
　　－－臺中市：晨星，2002〔民91〕
　　面；　公分.－－（台灣地圖；12）
參考書目：面
含索引
ISBN 957-455-075-3(平裝)
1.螢火蟲 2.昆蟲－台灣 3.台灣－描述與遊記

387.785　　　　　　　　　　　90016638

台灣地圖 12

台灣賞螢地圖

著　　者	何 健 鎔　朱 建 昇
文字編輯	林 美 蘭
內頁設計	劉 彩 鳳
地圖繪製	劉 彩 鳳
封面設計	林 淑 靜

發行人　陳 銘 民
發行所　晨星出版有限公司
　　　　台中市工業區 30 路 1 號
　　　　TEL:(04)23595820　FAX:(04)23597123
　　　　E-mail:morning@tcts.seed.net.tw
　　　　http://www.morning-star.com.tw
　　　　郵政劃撥：22326758
　　　　行政院新聞局局版台業字第 2500 號
法律顧問　甘 龍 強 律師
製　作　知文企業（股）公司　TEL:(04)23581803
初　版　西元 2002 年 2 月 28 日

總經銷　知己實業股份有限公司
　　　　〈台北公司〉台北市羅斯福路二段 79 號 4F 之 9
　　　　　　　　　TEL:(02)23672044　FAX:(02)23635741
　　　　〈台中公司〉台中市工業區 30 路 1 號
　　　　　　　　　TEL:(04)23595819　FAX:(04)23597123

定價 450 元
（缺頁或破損的書，請寄回更換）
ISBN.957-455-075-3
Published by Morning Star Publishing Inc.
Printed in Taiwan

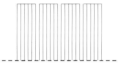
更方便的購書方式：

(1) **信用卡訂購** 填妥「信用卡訂購單」，傳真或郵寄至本公司。
(2) **郵 政 劃 撥** 帳戶：晨星出版有限公司　　　帳號：22326758
　　　　　　　　　在通信欄中填明叢書編號、書名及數量即可。
(3) **通 信 訂 購** 填妥訂購人姓名、地址及購買明細資料，連同支
　　　　　　　　　票或匯票寄至本社。

† 購買單本 9 折、5 本以上 85 折、10 本以上 8 折優待。
† 訂購 3 本以下如需掛號請另付掛號費 30 元。
† 服務專線：(04)23595819-231　FAX ：(04)23597123
† 網　　　址：http://www.morning-star.com.tw
† E-mail:itmt@ms55.hinet.net

◆讀者回函卡◆

讀者資料：

姓名：_____　　　　性別：□ 男　□ 女

生日：　／　　／　　　　　身分證字號：_____

地址：□□□_____

聯絡電話：　　　　　（公司）　　　　　　　（家中）

E-mail _____

職業：□ 學生　　　　□ 教師　　　　□ 內勤職員　　□ 家庭主婦
　　　□ SOHO 族　　□ 企業主管　　□ 服務業　　　□ 製造業
　　　□ 醫藥護理　　□ 軍警　　　　□ 資訊業　　　□ 銷售業務
　　　□ 其他_____

購買書名：台灣賞螢地圖

您從哪裡得知本書： □ 書店　　□ 報紙廣告　　□ 雜誌廣告　　□ 親友介紹
□ 海報　　□ 廣播　　□ 其他：_____

您對本書評價：（請填代號 1. 非常滿意　2. 滿意　3. 尚可　4. 再改進）

封面設計_____版面編排_____內容_____文／譯筆_____

您的閱讀嗜好：
□ 哲學　　　□ 心理學　　□ 宗教　　　□ 自然生態　□ 流行趨勢　□ 醫療保健
□ 財經企管　□ 史地　　　□ 傳記　　　□ 文學　　　□ 散文　　　□ 原住民
□ 小說　　　□ 親子叢書　□ 休閒旅遊　□ 其他_____

信用卡訂購單（要購書的讀者請填以下資料）

書　　名	數　量	金　額	書　　名	數　量	金　額

□ VISA　　□ JCB　　□ 萬事達卡　　□ 運通卡　　□ 聯合信用卡

● 卡號：_____　● 信用卡有效期限：_____年_____月

● 訂購總金額：_____元　● 身分證字號：_____

● 持卡人簽名：_____（與信用卡簽名同）

● 訂購日期：_____年_____月_____日

填妥本單請直接郵寄回本社或傳真(04)23597123

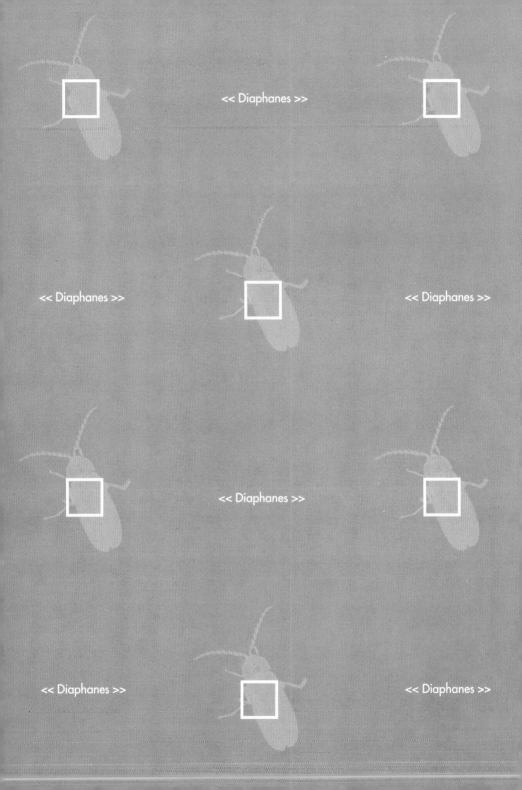

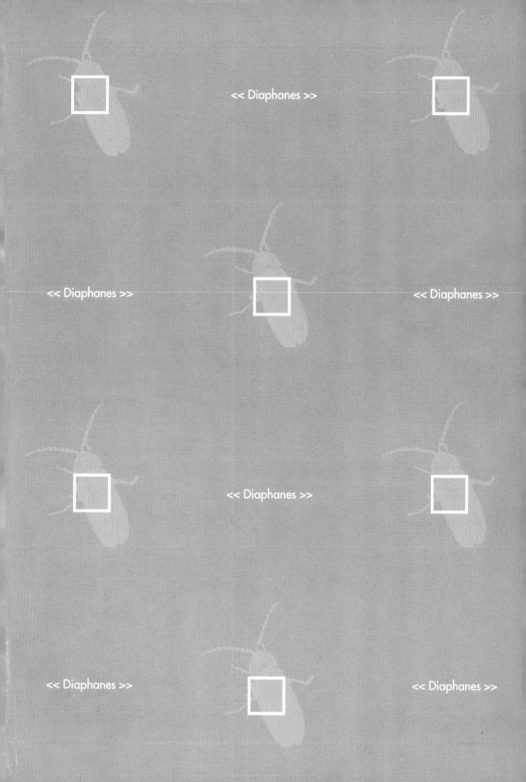

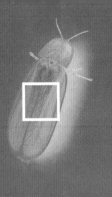
<< Diaphanes >>

<< Diaphanes >>

<< Diaphanes >>

<< Diaphanes >>

<< Diaphanes >>

<< Diaphanes >>